普通高等教育一流本科专业建设成果教材

化学工业出版社"十四五"普通高等教育本科规划教材

环境监测与仪器分析实验

汪 磊 陈翠红 主编 王 婷 卢 媛 副主编

Experiments in Environmental Monitoring
and Instrumental Analysis

U0243536

·北京·

内容简介

《环境监测与仪器分析实验》共包含 28 个实验，其中前 15 个实验主要介绍不同环境介质中各类常规污染物的监测方案和技术，后 13 个实验主要介绍环境监测和检测中的大型分析仪器应用方法。针对水体、土壤、大气、固体废物等主要环境监测对象，介绍了相关大型仪器的原理和应用，努力兼顾基本实验操作训练和前沿性的综合实验设计，旨在增强学生对环境监测及其涉及的大型仪器基础知识和实践的认知，培养学生的环境监测研究方案设计与综合实践能力。

本书可作为高等学校环境及相关专业本科生环境监测实验、环境仪器分析实验课程的教材，还可供从事环境监测、仪器分析等工作的技术人员参考。

图书在版编目（CIP）数据

环境监测与仪器分析实验/汪磊，陈翠红主编；王婷，卢媛副主编. —北京：化学工业出版社，2022.10（2023.11重印）

普通高等教育一流本科专业建设成果教材　化学工业出版社"十四五"普通高等教育本科规划教材

ISBN 978-7-122-41806-7

Ⅰ.①环… Ⅱ.①汪… ②陈… ③王… ④卢… Ⅲ.①环境监测-高等学校-教材②仪器分析-实验-高等学校-教材 Ⅳ.①X83②O657-33

中国版本图书馆 CIP 数据核字（2022）第 115184 号

责任编辑：满悦芝	文字编辑：郭丽芹　杨振美
责任校对：王　静	装帧设计：张　辉

出版发行：化学工业出版社（北京市东城区青年湖南街 13 号　邮政编码 100011）
印　　装：三河市延风印装有限公司
787mm×1092mm　1/16　印张 8¼　字数 190 千字　2023 年 11 月北京第 1 版第 2 次印刷

购书咨询：010-64518888　　　　　　　售后服务：010-64518899
网　　址：http://www.cip.com.cn

凡购买本书，如有缺损质量问题，本社销售中心负责调换。

定　　价：35.00 元

编写人员名单

主 编 汪 磊 陈翠红

副主编 王 婷 卢 媛

其他编写人员（按姓氏笔画排序）

王 平 王雁南 刘庆龙 杨丽萍 汪 玉

宋晓静 姚青倩 唐雪娇 崔玉晓

序

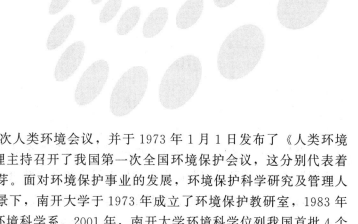

  1972 年，联合国召开了第一次人类环境会议，并于 1973 年 1 月 1 日发布了《人类环境宣言》，1973 年 8 月，周恩来总理主持召开了我国第一次全国环境保护会议，这分别代表着环境保护事业在世界和中国的萌芽。面对环境保护事业的发展，环境保护科学研究及管理人才的培养也迫在眉睫。在这种背景下，南开大学于 1973 年成立了环境保护教研室，1983 年又成立了我国综合性高校中首个环境科学系。2001 年，南开大学环境科学位列我国首批 4 个环境科学国家重点学科之一，并于 2019 年成为首批国家级一流本科专业建设点。近五十年的发展历程中，南开大学环境学科一直注重教材建设，为我国高等学校环境学科人才培养做出了贡献。

  环境学科是应对解决国家经济社会发展过程中产生的环境污染问题及保障生态系统安全与人体健康需求的学科，也是实验性和应用性极强的综合交叉学科。实验技能的提高在环境学科人才培养中占据重要位置。实验教学可以帮助学生深入认识理论问题、掌握解决环境问题的技术。环境学科发展迅速，随着环境问题的涌现与解决，其理论内涵与外延均迅速发展，目前的实验教材已无法完全满足一流人才培养和一流专业建设的需求。因此，我们在目前使用的实验讲义基础上，总结梳理环境科学国家级一流专业建设成果，组织编写了"高等学校环境科学专业实验课程新形态系列教材"，旨在分享南开大学环境学科在实验教学方面的经验，为建设一流本科专业提供重要支撑。

  本次出版的"高等学校环境科学专业实验课程新形态系列教材"主要包括《环境化学实验》《环境监测与仪器分析实验》《环境工程微生物学实验》和《环境生态学与环境生物学实验》四个分册，涵盖了环境化学、环境监测、环境微生物、生态学、环境生物学和仪器分析等专业方向，基本覆盖了环境科学学科的主干课程。本系列教材以提高学生科学素养和实验技能为目标，并将一些学科前沿研究的新方法和新成果引入本科生的实验教学中，既充分考虑各门课程教学大纲的基础知识点，又体现出南开大学与时俱进、教研相长的学科特色。另外，本系列教材应用全新传媒技术，使广大学生通过手机终端即可扫码完成原理的自学以及操作流程的预习，身临其境地了解实验过程，或直接观看各实验的关键操作流程。本系列教材适用于高等学校环境科学相关专业的本科生教育，也可用于大中专院校及科研院所青年人才的继续教育，力求为缺少实验办学条件的单位提供帮助。

  由于编者水平有限，且本系列教材首次采用了新媒体模式，参加编写的人员较多，书中若有疏漏和不当之处，恳请各位读者批评指正。

孙红文
于南开园
2022 年 6 月

前　言

生态环境是人类赖以生存和发展的基础。近年来全球水体、土壤、大气、固体废物环境污染问题频发，因环境问题而引发的生态风险和公众健康问题日益受到重视。"十三五"期间，以习近平生态文明思想为指导的污染防治攻坚战全面开展，我国生态环境质量总体改善，环境空气质量改善成果进一步巩固，水环境质量持续改善，土壤环境风险得到基本管控。

尽管取得了显著成效，但我国的环境保护工作形势依然严峻。灵敏高效的环境监测是环境保护的重要基础，准确可靠的监测数据是环境管理部门制定政策规章、规划计划和进行综合决策的重要依据。现代仪器分析技术具有高灵敏度、高准确率、高分析效率的特点，已经成为监测环境污染物的重要手段。随着科技的进步，环境监测理念、技术与装置不断更新，这也对环保工作者的知识技能更新提出了更高的要求。高校承担着培养环境保护专业人才的重要任务。环境监测实验和现代仪器分析实验作为环境学科教学的核心课程，是连接环境监测理论与实践的桥梁，也是本科生获得基础实验技能、培养科研兴趣的重要途径。此外，面对日趋复杂的环境污染问题，如何培养学生使之具备分析不同污染物和根据不同监测目的设计环境监测方案、选择适宜的仪器分析技术的能力，由"操作员"成长为"设计师""研究者"，也成为环境监测实验课程教学面临的新挑战。为应对上述挑战，我们组织编写了本教材。

本书是南开大学环境科学国家级一流本科专业建设成果教材，共包括 28 个实验，内容既覆盖样品前处理、滴定、比色、化学需氧量测定、溶解氧分析、噪声监测等环境监测经典实验，又包括环境介质中典型新型污染物监测的前沿性综合性实验，并对环境监测工作中涉及的大型仪器分析技术如液相色谱、原子吸收分光光度法、傅里叶变换红外光谱法等进行了较为全面的介绍。本书力求兼顾对学生基本实验技能的训练以及对常用大型仪器使用技能的传授。结合信息化时代的特点和优势，教材中还补充了关键实验操作和设备使用方法的演示视频，希望通过对多媒体新型教材建设的探索创新，为提高环境监测实验课程教学质量，不断培育出既具有环境监测综合实践能力，又对污染监测前沿领域具有兴趣和敏感性的环境保护领域专业人才贡献力量。

本书编写分工如下：实验一、二、六、十由汪磊执笔，实验三、四、七、八、十一由汪玉执笔，实验五、九、十二、十三、十四、十五由王婷执笔，实验十六、十八由刘庆龙执笔，实验十七由杨丽萍执笔，实验十九由陈翠红执笔，实验二十由宋晓静执笔，实验二十一、二十三由王雁南执笔，实验二十二、二十五由唐雪娇执笔，实验二十四由卢媛执笔，实验二十六、二十七由姚青倩执笔，实验二十八由崔玉晓执笔。实验一至十五的视频拍摄由王平、王婷组织实施，实验十六至二十八的视频拍摄由陈翠红组织实施。由汪磊、陈翠红、王婷、卢媛负责全书统稿。

　　本书参考了国内外环境监测与仪器分析及相关领域的众多资料及科研成果，在此向有关作者致以诚挚的谢意。

　　由于编者水平有限，书中难免有不足之处，敬请广大读者批评指正。

编者
2022 年 7 月

目　录

二维码目录

实验一
地表水中对羟基苯甲酸甲酯的
固相萃取/液液萃取-液相色谱检测

1.1　实验目的

① 了解环境样品前处理的目的和意义；
② 比较固相萃取和液相萃取两种方法的优缺点；
③ 熟悉并掌握液相色谱仪的工作原理、工作流程；
④ 掌握水中有机污染物的提取和测定方法。

1.2　实验原理

对羟基苯甲酸酯类化合物（简称 parabens），又名尼泊金酯，是目前世界上用途最广、用量最大、应用频率最高的防腐剂之一。除在食品、药品和个人护理品中被大量添加外，对羟基苯甲酸酯类化合物也在环境中被广泛检出，水体中以对羟基苯甲酸酯类化合物为代表的药品和个人护理用品（PPCPs）的分析检测，是环境监测工作的重要内容。对羟基苯甲酸甲酯是对羟基苯甲酸酯类化合物的代表性化合物。

液液萃取：利用物质在两种互不相溶（或微溶）的溶剂中溶解度或分配系数的不同，使物质从一种溶剂转移到另外一种溶剂的过程。经过反复多次萃取，液液萃取法可将绝大部分的化合物提取出来。萃取剂对水中化合物的萃取效率与目标化合物及萃取剂的极性和水溶性密切相关。

固相萃取（SPE）：利用分析物在不同介质中被吸附能力的差异将待测物提纯，有效地将待测物和干扰组分分离，大大增强对分析物特别是痕量分析物的检出能力，提高了被测样品的回收率。固相萃取技术在环境化学中有至关重要的作用。

亲水亲油平衡（HLB）反相色谱填料是合成的超低压快速反相色谱填料，它的基架为大小均一的坚硬的聚乙烯基吡咯烷酮苯乙烯分子，可应用于中压柱色谱系统乃至高压液相色谱系统，适于天然产物、化学药物、抗生素等领域的工业化精细分离纯化。

对羟基苯甲酸甲酯的甲醇溶液在波长 236nm 处有最大的紫外吸收峰，对羟基苯甲酸甲酯的乙酸乙酯溶液在波长 256nm 处有最大的紫外吸收峰。

液相色谱法的原理是：同一时刻进入色谱柱中的各组分，由于在流动相和固定相之间溶解、吸附、渗透或离子交换等作用的不同，随流动相在色谱柱中运行时，在两相间反复进行多次分配过程，使得原来分配系数具有微小差别的各组分，产生了保留能力差异明显的效果；进而各组分在色谱柱中的移动速度出现不同，经过一定长度的色谱柱后，彼此分离开来；最后按顺序流出色谱柱，利用信号检测器，在记录仪或色谱数据处理装置上显示出各组分的色谱行为和谱峰数据。测定各组分在色谱图上的保留时间（或保留距离），可直接进行组分的定性；测量各峰的峰面积，即可作为定量测定的参数，采用工作曲线法（即外标法）测定相应组分的含量。液相色谱法具有分离效率高、检测速度快、检测器灵敏性好等特点，非常适用于沸点高、热稳定性差、浓度低、极性强物质的分析检测。

高效液相色谱（HPLC）仪是实现液相色谱分离分析过程的装置，贮液器中存贮的载液（用作流动相的液体常需除气）经过过滤后由高压泵输送到色谱柱入口（当采用梯度洗脱时，一般需用双泵系统完成输送）。样品由进样器注入载液系统，而后送到色谱柱进行分离。分离后的组分由检测器检测，输出信号供给记录仪或数据处理装置。如果需收集馏分做进一步分析，则在色谱柱出口将样品馏分收集起来；对于非破坏型检测器，可直接收集通过检测器后的流出液。输液泵、色谱柱及检测器是仪器的关键部件。

1.3 实验器材

1.3.1 实验仪器

HLB 固相萃取柱（60mg/1mL）、移液枪、15mL 离心管、胶头滴管、烧杯、容量瓶、石英比色皿、0.45μm 滤膜、色谱柱 C_{18}（Venusil XBP C_{18}，4.6mm×100mm，5.0μm）、气浴恒温摇床、紫外分光光度计、高效液相色谱仪。

1.3.2 实验试剂

甲醇、乙酸乙酯、冰乙酸、对羟基苯甲酸甲酯-甲醇储备液（100mg/L）、对羟基苯甲酸甲酯-乙酸乙酯储备液（100mg/L）。

人为染毒水样：在 1000mL 地表水中，加入一定量对羟基苯甲酸甲酯标准物质（1～2mg），搅拌使之完全溶解。

1.4 实验内容与步骤

1.4.1 液液萃取-紫外分光光度计检测方法

二维码1-1
液液萃取操作视频

二维码1-2
移液枪的使用操作视频

① 选择乙酸乙酯作为萃取溶剂，首先移取 10mL 染毒水样至 15mL 离心管，加入 3mL 乙酸乙酯，盖紧后手摇均匀，再在 25℃条件下振荡 0.5h，离心 5min（970g），用胶头滴管移出上清液至新离心管中，在原水样中继续加入 2mL 乙酸乙酯，25℃条件下振荡 0.5h，离心 5min（970g），将两次萃取的上清液合并，并用乙酸乙酯定容至 5mL。

② 移取 10mL 空白地表水样至 15mL 离心管，按步骤①进行萃取实验。

③ 在 256nm 波长处测定萃取液吸光度。

④ 标准系列溶液吸光度的测定：用移液枪分别移取 1mL、2mL、4mL、6mL、8mL、10mL 对羟基苯甲酸甲酯-乙酸乙酯储备液置于 100mL 容量瓶中，用乙酸乙酯稀释至刻度，配成浓度梯度为 1.0mg/L、

2.0mg/L、4.0mg/L、6.0mg/L、8.0mg/L、10.0mg/L 的标准溶液。用 1cm 石英比色皿，以乙酸乙酯为参比，测试标准溶液吸光度，在表 1-1 中记录数据。

1.4.2　固相萃取-紫外分光光度计检测方法

① 使用 5mL 甲醇对 SPE 柱进行淋洗，之后使用 5mL 蒸馏水进行 SPE 柱活化，量取 10mL 染毒水样，用滴管向 SPE 柱缓慢滴加上样，使水样以自然流速通过 HLB 固相萃取柱（若流速过慢，可适当加压促流），再用 5mL 蒸馏水淋洗 SPE 柱，负压真空抽气干燥 15min；用 5mL 甲醇洗脱，控制洗脱液的流速不超过 1mL/min，收集洗脱液，并用甲醇定容到 5mL。

② 实验步骤同液液萃取-紫外分光光度计检测方法的②③④。

萃取液吸光度检测波长为 236nm，在表 1-2 中记录数据。同时做试剂空白试验。

二维码1-3
固相萃取操作视频

1.4.3　液液萃取/固相萃取-液相色谱检测方法

① 地表水样液液萃取过程的主要步骤同 1.4.1 的步骤①，但将两次萃取的上清液合并后，需用氮吹至干燥，用甲醇定容至 5mL。固相萃取过程同 1.4.2 的步骤①。取 1mL 萃取液经 0.45μm 滤膜过滤，放入液相小瓶待测。

② 移取 10mL 空白地表水样至 15mL 离心管，按步骤①进行液液萃取或固相萃取实验。

③ 色谱检测条件为：采用 C_{18} 色谱柱，流动相为甲醇-水-冰乙酸（50∶50∶0.1），流速为 1mL/min，柱温为 35℃，进样量 20μL，紫外检测器检测波长为 256nm。

④ 标准系列溶液液相色谱的测定：用移液枪分别移取 1mL、2mL、4mL、6mL、8mL、10mL 对羟基苯甲酸甲酯-甲醇储备液置于 100mL 容量瓶中，用甲醇稀释至刻度，配成浓度梯度为 1.0mg/L、2.0mg/L、4.0mg/L、6.0mg/L、8.0mg/L、10.0mg/L 的标准溶液。同步骤③进行检测，测试标准溶液峰面积。绘制以对羟基苯甲酸甲酯浓度为横坐标，以峰面积为纵坐标的标准曲线，得到对羟基苯甲酸甲酯的回归方程。

⑤ 由标准曲线计算萃取液中对羟基苯甲酸甲酯的浓度，假设萃取方法回收率为 100%，计算地表水染毒水样中对羟基苯甲酸甲酯的浓度。

1.5　注意事项

① 不可能一次就萃取完全，故需多次重复相关操作。第一次萃取时使用溶剂量常较以后几次多一些，主要是为了补足由于溶剂稍溶于水而引起的损失。液液萃取过程需分两次加入乙酸乙酯萃取剂。

② 对于固相萃取柱中的填料，如果局部放大，能够看到其有很多空隙，液体流通的渠道很多；如果流得快，很大比例的待测组分还来不及与填料充分作用就从通道流失。所以，想要效果好，就要控制流速，使流速尽量慢。

③ 液相色谱的流动相必须是 HPLC 级，使用前过滤除去其中的颗粒性杂质和其他物质。流动相过滤后需要用超声脱气，脱气后应恢复到室温后使用。更换流动相时，应先将吸滤头部分放入烧杯中边振动边清洗，然后插入新的流动相中。

④ 长时间不使用仪器时，应取下色谱柱，用堵头封好保存，注意不能用纯水保存柱子，应采用有机相（如甲醇等）。

⑤ 使用仪器过程中应避免压力和温度的急剧变化及任何机械振动。温度突然变化或者色谱柱从高处掉下都会影响柱内的填充状况；柱压突然升高或降低也会冲动柱内填料，因此在调节流速时应该缓慢进行。

1.6 数据处理

1.6.1 紫外分光光度计检测

应用 Excel 软件，根据标准系列溶液的测定结果绘制标准曲线，得到回归方程。根据回归方程及样品溶液的测定结果，计算样品中对羟基苯甲酸甲酯的浓度。将液液萃取法测定结果填入表 1-1，将固相萃取法测定结果填入表 1-2。

表 1-1　液液萃取法吸光度及结果数据

浓度/(mg/L)	1.0	2.0	4.0	6.0	8.0	10.0
吸光度						
标准曲线：				相关系数：		

地表水染毒水样中对羟基苯甲酸甲酯的浓度：_____。

表 1-2　固相萃取法吸光度及结果数据

浓度/(mg/L)	1.0	2.0	4.0	6.0	8.0	10.0
吸光度						
标准曲线：				相关系数：		

地表水染毒水样中对羟基苯甲酸甲酯的浓度：_____。

1.6.2 液相色谱检测

根据保留时间定性，外标峰面积法定量。

对羟基苯甲酸甲酯的回归方程：_____。

地表水染毒水样中对羟基苯甲酸甲酯的浓度：液液萃取法结果_____；固相萃取法结果_____。

1.7 思考题

① 液液萃取中，先后加入 3mL 和 2mL 乙酸乙酯萃取剂与一次性加入 5mL 萃取剂，效果是否一致？为什么？

② SPE 操作中，将 10mL 水样进行上样操作后，"再用 5mL 蒸馏水淋洗 SPE 柱"这一操作可能的目的是什么？"负压真空抽气干燥"的目的是什么？

③ 写出 SPE、PPCPs 这些缩写的全称及中文含义。

④ 如果固相萃取和液液萃取两种前处理方式检测计算得到的浓度不同，试分析原因。

⑤ 液相色谱检测过程中，影响柱性能的主要因素有哪些？

⑥ 紫外检测器是否适用于检测所有的有机化合物？为什么？

参考文献

［1］ LIEBERT N A. Final report on the safety assessment of methylparaben，ethylparaben，propylparaben and butylparaben ［J］. International Journal of Toxicology，1984，3（5）：147-209.

［2］ 孙莹. 新型样品预处理技术的研究及应用 ［D］. 天津：天津大学，2010.

［3］ 刘凤，胡晓. 论固相萃取技术在我国环境化学分析中的应用 ［J］. 南方农机，2020（12）：196.

［4］ 陈辉，陈丰. 液相色谱法在环境污染成分分析中的应用研究综述 ［J］. 清洗世界，2020，36（9）：42-43.

实验二
城市环境噪声的监测

2.1　实验目的

① 了解噪声的测定原理和调查方法；
② 掌握声级计的使用方法。

2.2　实验原理

城市噪声指城市中建筑施工、交通运输、工业生产及日常生活等产生的各类噪声。城市噪声对于居民的干扰和危害日益严重，已经成为城市环境的一大公害。城市噪声主要有交通噪声、工业噪声、建筑施工噪声、社会生活噪声。城市噪声干扰居民的工作、学习和休息，严重的还会危害人体健康，引起疾病和噪声性耳聋。

声级计是一种测量噪声声级高低的常规仪器。人耳对于声音响度的感觉与声强强度的对数成比例。为此，引入声压比的对数来表示声音的大小，即声压级。引入声压级的概念后，声压绝对值高达百万倍的变化范围就变成 0～130dB 的变化范围，从而为声级计的设计奠定了基础。根据上述概念可以得出：声级计是一种以分贝（dB）为单位指示被测声压级和计权声压级的一种仪器，并按声压比的对数表示声音的大小即声级。

根据声压级与传声器输出电压有效值的关系，如按标准规定对电压进行模拟人耳特性的时间计权和频率计权处理，即可得到所谓的计权声压级即声级，从而可以实现用声级计对环境噪声、机电产品噪声、建筑声学和电磁声学噪声进行测量。

2.3　实验器材

精密声级计、风罩、三脚架。

2.4　实验内容与步骤

2.4.1　测量条件

① 一般选在无雨的时间测量，要求加风罩，以避免风噪声的干扰。应保持传声器膜片清洁。风力在三级以上时，必须加风罩。大风天气（四级以上）应停止测量。
② 测量仪器可手持或固定在测量三脚架上，传声器要求距离地面高 1.2m。

2.4.2 测量点布置

将全市划分为 500×500 的网格，测量点选在每个网格的中心（可在市区地图上做网格图得到）。若中心点的位置不易测量（如污水沟、房顶、禁区等），可移到旁边适宜位置。

测量网格的数目不应少于 100 个，如果城市小，可按 250×250 的距离划分网格。

2.4.3 测量时间选择

分为白天（6:00—22:00）和夜间（22:00—6:00）两部分。

白天噪声测量，一般选在上午 8:00 至 12:00，下午 2:00 至 6:00。根据南北方地区、季节的不同，时间可稍有变化。在此期间测得的每个网格的噪声，即代表该网格白天的噪声水平。

夜间噪声测量，一般选在晚上 22:00 至清晨 5:00。在此期间测得的噪声，即代表该网格夜间的噪声水平。夜间测量时间也可依地区与季节不同而稍做修改。

2.4.4 噪声测定

将声级计置于慢格挡，每隔 5s 读一个瞬时 A 声级，对每一个测量点，连续读取 100 个数据（当噪声较大时应取 200 个数据）。读数同时要判断和记录测点附近的主要噪声来源（如交通噪声、工厂噪声、施工噪声、居民生活噪声或其他声源等）和天气条件。

二维码2-1
声级计的操作视频

2.5 注意事项

① 声级计应避免放置于高温，潮湿，有污水、灰尘，以及含酸、碱成分高的空气或化学气体的地方。

② 校准放大器增益：电表功能开关置"0"挡，"衰减器"开关置"校准"挡，此时电表指针应处在红线位置，否则需要调节灵敏度电位器。

③ 在无法确定被测声级大小时，必须把"衰减器"放在大衰减位置（例如 120dB），然后在测量时逐渐调整到被测声级所需要的衰减挡位置，防止被测声级超过量程损坏声级计。

④ 测量时，声级计应根据情况选择好正确挡位，两手平握声级计两侧，传声器指向被测声源，也可使用延伸电缆和延伸杆，减少声级计外形及人体对测量的影响。

⑤ 声级计使用电池供电，应检查电池电压是否满足要求：电表功能开关置"电池"挡，"衰减器"可任意设置，此时电表上的示数应在电池的额定电压范围内，否则需要更换电池。安装电池或外接电源注意极性，切勿反接。长期不用应取下电池，以免漏液损坏仪器。

⑥ 传感器是极其精细且易损坏的比较昂贵的部件，在整个实验过程中注意轻拿轻放。实验完毕，拆下传感器放入指定的地方。

⑦ 传声器切勿拆卸，防止摔摔，不用时放置妥当。

2.6 数据处理

环境噪声是随时间而变化的无规则噪声，因此测量结果一般用统计值或等效声级来表示。

2.6.1 累积分布值 L_{10}、L_{50}、L_{90} 与标准偏差 δ

L_{10} 表示 10% 的时间超过的噪声级，相当于噪声的平均峰值；

L_{50} 表示 50% 的时间超过的噪声级，相当于噪声的平均值；

L_{90} 表示 90% 的时间超过的噪声级，相当于噪声的本底值。

计算方法：将 100 个数据按从大到小的顺序排列，第 10 个数据即为 L_{10}，第 50 个数据即为 L_{50}，第 90 个数据即为 L_{90}。标准偏差的计算如下：

$$\delta = \sqrt{\frac{1}{n-1}\sum_{i=1}^{n}(L_i - \overline{L})^2} \tag{2-1}$$

式中　L_i——测得的第 i 个声级；

　　　$\overline{L}$——测得的声级的算术平均值；

　　　n——测得声级的总个数。

2.6.2 等效声级

等效声级（L_{eq}）是声级的能量平均值，定义为：

$$L_{eq} = 10\lg\left(\frac{1}{T}\int_0^T 10^{\frac{L_t}{10}}\,\mathrm{d}t\right) \tag{2-2}$$

式中　L_t——时刻 t 的噪声级；

　　　T——这些时间段的总时长。

在本方法条件下：

$$L_{eq} = 10\lg\left(\frac{1}{100}\sum_{i=1}^{100}10^{\frac{L_i}{10}}\right) \tag{2-3}$$

如果数据符合正态分布，其累积分布在正态概率坐标图上为一直线，即可用近似公式：

$$L_{eq} \approx L_{50} + d^2/60 \tag{2-4}$$

$$d = L_{10} - L_{90} \tag{2-5}$$

并有：

$$\delta = (L_{16} - L_{84})/2 \tag{2-6}$$

测量最终结果可以用区域噪声污染图来表示。为便于制图，规定白天的时间是从 6:00 到 22:00，共 16 小时；夜间是从 22:00 到 6:00，共 8 小时。

全市测量结果应列出全市网格 L_{eq}、L_{10}、L_{50}、L_{90} 的算术平均值 $\overline{L}$ 和最大值及标准偏差，以便于城市之间比较。

2.7 思考题

① 城市噪声的来源有哪些？本实验中的噪声来源包括哪些？

8

②噪声按照声音的频率分为低频噪声、中频噪声和高频噪声，这几种噪声的频率范围分别是多少？

③噪声的控制方法包括哪些？

④简单评价本实验中的噪声水平。

参考文献

［1］朱洪法.环境保护辞典［M］.北京：金盾出版社，2009.

［2］钟国策.声级计的工作原理［J］.电声技术，2002（1）：65-66.

［3］JJG 188—2017.声级计［S］.

实验三
分光光度法测定化学需氧量

3.1 实验目的

① 了解化学需氧量（COD）的定义和意义；
② 了解分光光度计、消解器的结构和原理；
③ 掌握重铬酸钾法测定 COD 的原理和方法；
④ 掌握分光光度法测定 COD 的原理和方法。

3.2 实验原理

化学需氧量（COD）是指在一定的条件下，采用一定的强氧化剂处理水样时，所消耗的氧化剂的量。它是表示水中还原性物质多少的一个指标。因此，COD 常常作为水质监测中的一个重要指标。在一定条件下，以氧化 1L 水样中还原性物质所消耗的氧化剂的量为指标，折算成每升水样全部被氧化后，需要的氧的质量即为 COD，单位为 mg/L。它反映了水样受还原性物质污染的程度。

水中的还原性物质有各种有机物、亚硝酸盐、硫化物、亚铁盐等，其中主要的是有机物，因此，COD 又往往作为衡量水中有机物含量多少的指标。COD 越大，说明水体受有机物的污染越严重。随着测定水样中还原性物质以及测定方法的不同，COD 的测定值也有所不同。目前应用最普遍的方法是酸性高锰酸钾（$KMnO_4$）氧化法与重铬酸钾（$K_2Cr_2O_7$）氧化法。高锰酸钾法氧化率较低，但比较简便，在测定水样中有机物含量的相对比较值时可以采用。重铬酸钾法氧化率高，再现性好，适用于测定水样中有机物的总量（COD_{Cr}）。其他主要测定方法有分光光度法、微波消解光度法、极谱法、库仑法、电化学探头法、静电流法等。本实验将介绍 COD_{Cr} 的检测原理和步骤，并介绍快速分光光度仪法测定水中 COD_{Cr} 的过程。

常规的重铬酸钾法测 COD 的原理是在水样中加入一定量的重铬酸钾和催化剂硫酸银，在强酸性介质中加热回流一定时间，部分重铬酸钾被水样中可氧化物质还原，随后用硫酸亚铁铵滴定剩余的重铬酸钾，根据消耗重铬酸钾的量计算 COD 的值。在强酸性溶液中，过量的重铬酸钾在以硫酸银做催化剂的条件下，氧化水中的还原性物质，使 $Cr(Ⅵ)$ 还原为 Cr^{3+}，再利用分光光度计在波长 610nm 处测定 Cr^{3+} 的吸光度，作标准曲线，即可测出样品中的 COD。相关的反应式为：

$$K_2Cr_2O_7 + 14H^+ + 6e^- \longrightarrow 2K^+ + 2Cr^{3+} + 7H_2O \tag{3-1}$$

当试样中 COD 值为 100～1000mg/L 时，在 600nm±20nm 波长处测定重铬酸钾被还原

产生的 Cr^{3+} 的吸光度，试样 COD 值与 Cr^{3+} 的吸光度的增加值成正比，即能将 Cr^{3+} 的吸光度换算成试样的 COD 值。

当试样中 COD 值为 15～250mg/L 时，在 440nm±20nm 波长处测定重铬酸钾未被还原的 Cr(Ⅵ) 和被还原产生的 Cr^{3+} 的总吸光度；试样 COD 值与 Cr(Ⅵ) 的吸光度减少值成正比，与 Cr^{3+} 的吸光度增加值成正比，与总吸光度减少值成正比，通过换算将总吸光度换算成试样的 COD 值。

3.3　实验器材

3.3.1　实验仪器

消解管（φ20mm×120mm 或 φ16mm×150mm）、加热器、分光光度计、搅拌器、空气冷却和水冷却支架（耐 165℃ 热烫的支架）、离心机（离心力范围为 0～2000g）、可调定量移液枪（最小分取体积不大于 0.01mL）、A 级吸量管、5mL 移液管、容量瓶和量筒。分光光度计的基本原理和操作具体见实验十一铁的比色测定。

3.3.2　实验试剂

水：应符合 GB/T 6682 一级水的相关要求。

浓硫酸：$\rho(H_2SO_4)=1.84g/mL$。

硫酸溶液：将 100mL 浓硫酸沿烧杯壁慢慢加入 900mL 水中，搅拌混匀，冷却备用。

硫酸银-硫酸溶液，$\rho(Ag_2SO_4)=10g/L$：将 5.0g 硫酸银加入 500mL 硫酸中，静置 1～2d，搅拌，使其溶解。

硫酸汞溶液，$\rho(HgSO_4)=0.24g/mL$：将 48.0g 硫酸汞分次加入 200mL 硫酸溶液中，搅拌溶解，此溶液可稳定保存 6 个月。

重铬酸钾标准溶液，$c(1/6K_2Cr_2O_7)=0.500mol/L$：将重铬酸钾在 120℃±2℃ 下干燥至恒重后，称取 24.5154g 重铬酸钾置于烧杯中，加入 600mL 水，搅拌下慢慢加入 100mL 硫酸，溶解冷却后，转移此溶液于 1000mL 容量瓶中，用水稀释至标线，摇匀。此溶液可稳定保存 6 个月。

重铬酸钾标准溶液，$c(1/6K_2Cr_2O_7)=0.160mol/L$：将重铬酸钾在 120℃±2℃ 下干燥至恒重后，称取 7.8449g 重铬酸钾置于烧杯中，加入 600mL 水，搅拌下慢慢加入 100mL 硫酸，溶解冷却后，转移此溶液于 1000mL 容量瓶中，用水稀释至标线，摇匀。此溶液可稳定保存 6 个月。

重铬酸钾标准溶液，$c(1/6K_2Cr_2O_7)=0.120mol/L$：将重铬酸钾在 120℃±2℃ 下干燥至恒重后，称取 5.8837g 重铬酸钾置于烧杯中，加入 600mL 水，搅拌下慢慢加入 100mL 硫酸溶解，冷却后，转移此溶液至 1000mL 容量瓶中，用水稀释至标线，摇匀。此溶液可稳定保存 6 个月。

邻苯二甲酸氢钾 $[C_6H_4(COOH)(COOK)]$：基准级或优级纯。1mol 邻苯二甲酸氢钾可以被 30mol 重铬酸钾（$1/6K_2Cr_2O_7$）完全氧化，其化学需氧量相当于 30mol 的氧。

硝酸银溶液，$c(AgNO_3)=0.1mol/L$：将 17.1g 硝酸银溶于 1000mL 水。

铬酸钾溶液，$\rho(K_2CrO_4)=50g/L$：将 5.0g 铬酸钾溶解于少量水中，滴加硝酸银溶液至有红色沉淀生成，摇匀，静置12h，过滤并用水将滤液稀释至100mL。

3.4 实验内容与步骤

3.4.1 预装混合试剂

在消解管中加入重铬酸钾溶液、硫酸汞溶液和硫酸银-硫酸溶液，拧紧盖子，轻轻摇匀，冷却至室温，避光保存。使用前摇匀。

配制不含汞的预装混合试剂，用硫酸溶液代替硫酸汞溶液，按照表3-1预装混合试剂。预装好的试剂常温避光保存。

表 3-1 预装混合试剂表

测定范围	重铬酸钾溶液用量	硫酸汞溶液用量	硫酸银-硫酸溶液用量
高量程 100～1000mg/L	1.00mL，$c(1/6K_2Cr_2O_7)=0.500$mol/L	0.5mL	6.0mL
低量程 15～250mg/L	1.00mL，$c(1/6K_2Cr_2O_7)=0.160$mol/L	0.5mL	6.0mL
低量程 15～150mg/L	1.00mL，$c(1/6K_2Cr_2O_7)=0.120$mol/L	0.5mL	6.0mL

3.4.2 水样的保存及测定值的预判

水样采集不应少于100mL，应保存在洁净的玻璃瓶中。采集好的水样应在24h内测定，否则应加入硫酸调节水样pH值至小于2。在0～4℃保存，一般可保存7d。

在试管中加入2.00mL试样，再加入0.5mL硝酸银溶液，充分混合，最后加入2滴铬酸钾溶液，摇匀。如果溶液变红，氯离子浓度低于1000mg/L；如果仍为黄色，氯离子浓度高于1000mg/L（此时，本测定方法不适用）。

初步判定水样的COD浓度，选择对应量程的预装混合试剂，加入3.0mL的试样，摇匀，在165℃±2℃加热5min，检查管内溶液是否呈现绿色，如变绿应重新稀释后再进行测定。

3.4.3 消解管的清洗

消解管应由耐酸玻璃制成，在165℃温度下能承受600kPa的压力，管盖耐热、耐酸。确认所有的消解管和管盖均无任何破损或裂纹。首次使用的消解管，应按以下方法进行清洗：在消解管中加入适量的硫酸银-硫酸溶液和重铬酸钾溶液的混合液（6∶1），也可用铬酸洗液代替混合液。拧紧管盖，在60～80℃水浴中加热消解管，手执管盖，颠倒摇动消解管，反复洗涤管内壁。室温冷却后，拧开盖子，倒出混合液，再用水冲洗干净管盖和消解管内外壁。

3.4.4 COD标准溶液的配制

COD标准储备液1（COD值5000mg/L）：将邻苯二甲酸氢钾在105～110℃下干燥至恒重后，称取2.1274g邻苯二甲酸氢钾溶于250mL水中，转移此溶液于500mL容量瓶中，用水稀释至标线，摇匀。此溶液在2～8℃下贮存，或在定容前加入约10mL硫酸溶液，常温贮存。

COD标准储备液2(COD值1250mg/L)：量取50.00mL COD标准储备液1于200mL容量瓶中，用水稀释至标线，摇匀。此溶液在2～8℃下贮存。

COD标准储备液3(COD值625mg/L)：量取25.00mL COD标准储备液1于200mL容量瓶中，用水稀释至标线，摇匀。此溶液在2～8℃下贮存。

COD标准系列使用溶液的配制：

① 高量程（测定上限1000mg/L）COD标准系列使用溶液：COD值分别为100mg/L、200mg/L、400mg/L、600mg/L、800mg/L和1000mg/L。分别量取5.00mL、10.00mL、20.00mL、30.00mL、40.00mL和50.00mL的COD标准储备液1(5000mg/L)，加入相应的250mL容量瓶中，用水定容至标线，摇匀。此溶液在2～8℃下贮存。

② 低量程（测定上限250mg/L）COD标准系列使用溶液：COD值分别为25mg/L、50mg/L、100mg/L、150mg/L、200mg/L和250mg/L。分别量取5.00mL、10.00mL、20.00mL、30.00mL、40.00mL和50.00mL COD标准储备液2(1250mg/L)加入相应250mL容量瓶中，用水稀释至标线，摇匀。此溶液在2～8℃下贮存。

③ 低量程（测定上限150mg/L）COD标准系列使用溶液：COD值分别为25mg/L、50mg/L、75mg/L、100mg/L、125mg/L和150mg/L。分别量取10.00mL、20.00mL、30.00mL、40.00mL、50.00mL和60.00mL COD标准储备液3(625mg/L)加入相应的250mL容量瓶中，用水定容至标线，摇匀。此溶液在2～8℃下贮存。

3.4.5　标准曲线的绘制及试样测定

首先打开加热器，预热到设定的165℃±2℃。加入预装混合试剂到消解管中，摇匀试剂后拧开消解管管盖。量取3.0mL的COD标准系列溶液沿管内壁慢慢加入管中。拧紧消解管管盖，手执管盖颠倒摇匀消解管中溶液，用无毛纸擦净管外壁。将消解管放入165℃±2℃的加热器的加热孔中，加热器温度会略有降低，待温度恢复到设定的165℃±2℃后，计时加热15min。从加热器中取出消解管，待消解管冷却至60℃左右时，手执管盖颠倒摇动消解管几次，使得管内溶液均匀，用无毛纸擦净管外壁，静置，冷却至室温。

高量程方法在600nm±20nm波长处以水为参比液，用分光光度计测定吸光度值。低量程在440nm±20nm波长处以水为参比液，用分光光度计测定吸光度值。高量程COD标准系列使用溶液COD值对应其测定的吸光度值减去空白试验测定的吸光度值的差值，绘制标准曲线。低量程COD标准系列使用溶液COD值对应空白试验测定的吸光度值减去其测定的吸光度值的差值，绘制标准曲线。

空白试验中用水样代替试样，测定吸光度值，空白试验与试样同时测定。

试样的测定：按照标准溶液测定步骤将预装混合试剂加入消解管，并加入3.0mL的试样，消解后，用分光光度计测定。测定的COD值由相应的标准曲线查得或者由分光光度计自动计算得出。

3.5　注意事项

氯离子是主要的干扰成分，水样中含有氯离子会使测定结果偏高。加入适量硫酸汞与氯离子形成可溶性氯化汞配合物，可减少氯离子的干扰；选用低量程方法测定COD，也可减少氯离子对测定结果的影响。

在 600nm±20nm 处测试时，Mn(Ⅲ)、Mn(Ⅵ) 或 Mn(Ⅶ) 形成红色物质，会引起正偏差，其 500mg/L 的锰溶液（硫酸盐形式）引起正偏差的 COD 值为 1083mg/L，其 50mg/L 的锰溶液（硫酸盐形式）引起正偏差的 COD 值为 121mg/L；而在 440nm±20nm 处，500mg/L 的锰溶液（硫酸盐形式）的影响比较小，引起的偏差的 COD 值为 -7.5mg/L，50mg/L 的锰溶液（硫酸盐形式）的影响可忽略不计。

在酸性重铬酸钾条件下，一些芳香烃类有机物、吡啶等化合物难以氧化，其氧化率较低。

试样中的有机氮通常转化成铵离子，铵离子不被重铬酸钾氧化。

消解管底部有沉淀影响比色测定时，应小心将消解管中上清液转入比色皿中。

3.6 数据处理

在 600nm±20nm 波长处测定时，水样 COD 的计算：
$$\rho(COD) = n[k(A_s - A_b) + a] \tag{3-2}$$
在 440nm±20nm 波长处测定时，水样 COD 的计算：
$$\rho(COD) = n[k(A_b - A_s) + a] \tag{3-3}$$

式中　$\rho(COD)$ ——水样 COD 值，mg/L；

　　　　n ——水样稀释倍数；

　　　　k ——标准曲线灵敏度，mg/L；

　　　　A_s ——试样测定的吸光度值；

　　　　A_b ——空白试验测定的吸光度值；

　　　　a ——标准曲线截距，mg/L。

注：COD 测定值一般保留三位有效数字。

3.7 思考题

① 请分析水中 COD 的来源。

② 请简述水体 COD 超标的危害。

③ 用重铬酸钾法测 COD 时，可能受到水体中哪些溶质的干扰？怎样去除这种干扰？

④ 请列举其他测定 COD 的方法。

⑤ 请论述水体 COD 与 BOD、DOC（溶解性有机碳）之间的联系。

参考文献

[1] HJ/T 399—2007.水质　化学需氧量的测定　快速消解分光光度法 [S].

[2] 王福利.一种快速测定化学需氧量方法的研究 [J].资源节约与环保，2019 (10)：65-67.

[3] 刘群.快速消解测定 COD 的方法探讨 [J].化工管理，2017 (27)：41-42.

[4] 田映虹，万剑敏.快速消解法测定水中 COD 含量方法的建立 [J].环境与生活，2014 (14)：174-175.

[5] 王晓春.快速消解分光光度法测定水中的化学需氧量（COD）[J].科技情报开发与经济，2012 (10)：138-140.

附录　快速分光光度仪法测定 COD

利用快速消解仪和分光光度仪可对水中 COD 进行快速测定，以江苏盛奥华环保科技公司的产品（6B-220N 型 COD 速测仪）为例，实验步骤如下。

二维码3-1
消解步骤和分光
光度计使用视频

C1 试剂（100 样）的配制：将一瓶固体试剂倒入 100mL 或 250mL 的烧杯中，准确量取 90mL 的蒸馏水倒入烧杯内，缓慢加入 10mL 浓硫酸，搅拌至完全溶解，移入棕色瓶备用。

C2 试剂（100 样）的配制：将一瓶固体试剂倒入 500mL 或 1000mL 的烧杯中，准确量取 500mL 的浓硫酸倒入烧杯内，搅拌至完全溶解（可稍许加热），移入棕色瓶中备用。

将消解器打开，大约 3s 进入温度界面，如果显示不是"设定：165℃　010 分钟"按住 [定时2/Enter] 再按 [▶] 键选定，按 [定时1/Esc] 键选择"设定：165℃　010 分钟"，按 [▶] 键确认，大约 10min 温度升到 165℃后，提示音响三声并开始保持恒温。

将密封试管清洗干净烘干放至试管架，按编号排列。

取 3mL 蒸馏水移入 0 号试管做空白，依次取 3mL 的水样至 1、2、3 号试管中。

依次加入 C1 试剂 1mL，C2 试剂 5mL（注意：加 C2 试剂先慢后快，防止喷溅），手拿试管上部，轻轻将液体摇匀，慢慢插入消解器中，按 [消解▲] 键，在 165℃下消解 10min。

时间到，仪器报警，按 [消解▲] 键停止鸣叫。

手拿试管上部放至前排试管架，然后按 [定时1/Esc] 键，让试管在空气中冷却 2min。

时间到，仪器报警，按 [定时1/Esc] 键停止鸣叫，依次加入 3mL 蒸馏水，手拿试管上部使溶液充分摇匀，放至试管架后排水冷，按 [定时1/Esc] 键水冷 2min。

冷却时间到，仪器报警，再按 [定时1/Esc] 键鸣叫停止，手握试管下部，感觉试管温度若微热，可再放入水中冷却至室温。

依次将试管中的溶液倒入 3cm 比色皿中（倾倒时注意不要过快，以免液体溅出，落到衣物上损坏衣物）。

选择曲线 01 号，左侧挡位调到下部 COD 挡位。如图 3-1 所示。

在测量界面下，打开盖子，放入黑体，盖好盖检查 T 是否是 0%，若不是，按 [置零/取消] 键使 T＝0%（若 T 不是，再按一下），如图 3-2 所示。

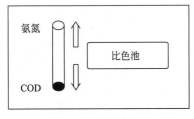

图 3-1　挡位示意图

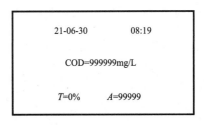

图 3-2　黑体测试结果

盖好盖，放入空白样，检查 T 是否是 100%，若不是，按 置满/确认 键使 $T=100\%$（若 T 值不是 100%，再按一下），如图 3-3 所示。

拿出空白样，放入水样，盖好盖，等数据稳定后（假设样品浓度为 $394.42\mathrm{mg/L}$），显示内容如图 3-4 所示。

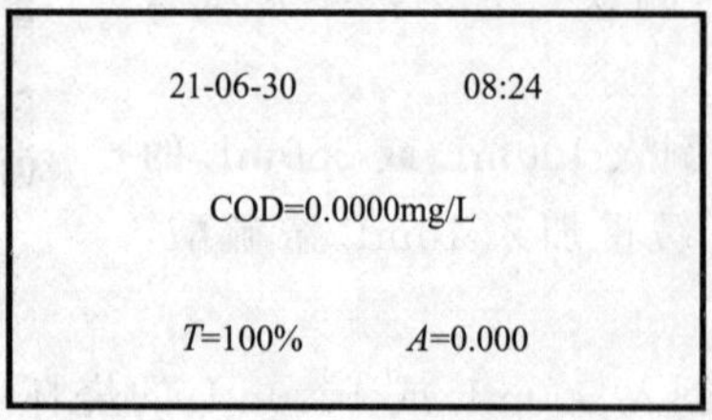

21-06-30	08:24
COD=0.0000mg/L	
T=100%	A=0.000

图 3-3　空白样测试结果

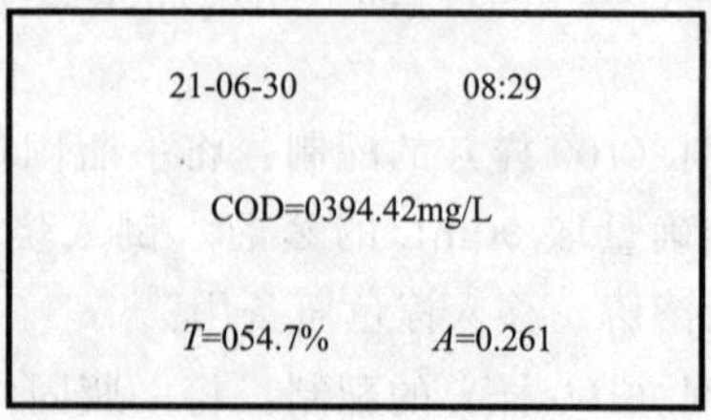

21-06-30	08:29
COD=0394.42mg/L	
T=054.7%	A=0.261

图 3-4　水样测试结果

将测定结果记录在实验报告中。

实验四
大气中氮氧化物的测定——盐酸萘乙二胺分光光度法

4.1　实验目的

① 了解大气污染物分析的特点和意义；
② 掌握二氧化氮测定的基本原理和测定方法；
③ 熟悉和掌握大气采样器的采样原理和使用方法。

4.2　实验原理

　　大气中的氮氧化物（NO_x）主要是一氧化氮（NO）和二氧化氮（NO_2），其中绝大部分来自化石燃料的燃烧过程，包括汽车及一切内燃机所释放的尾气，也有一部分来自生产和使用硝酸的化工厂、钢铁厂、金属冶炼厂等排放的废气。动物实验证明，氮氧化物对呼吸道和呼吸器官有刺激作用，是目前支气管哮喘等呼吸系统疾病不断增加的原因之一。二氧化氮、二氧化硫和悬浮颗粒物共存时对人体的影响不仅比单独存在的二氧化氮对人体的影响严重得多，而且也大于各污染物影响之和，对人体的实际影响具有协同作用，因此监测和分析大气中的氮氧化物具有重要意义。

　　在大气氮氧化物中，NO 为无色、无臭、微溶于水的气体，在空气中易被氧化成 NO_2，测定氮氧化物浓度时，先用三氧化铬（CrO_3）氧化管将一氧化氮氧化成二氧化氮。二氧化氮被吸收后，生成亚硝酸和硝酸；其中亚硝酸与对氨基苯磺酸起重氮化反应，再与盐酸萘乙二胺［N-(1-萘基）乙二胺盐酸盐］偶合，生成玫瑰红色偶氮染料；于波长 540nm 处测定显色溶液的吸光度，根据吸光度的数值换算出氮氧化物的浓度；测定结果以二氧化氮表示。显色反应的原理如图 4-1 所示。

$$2NO_2 + H_2O \Longrightarrow HNO_3 + HNO_2$$

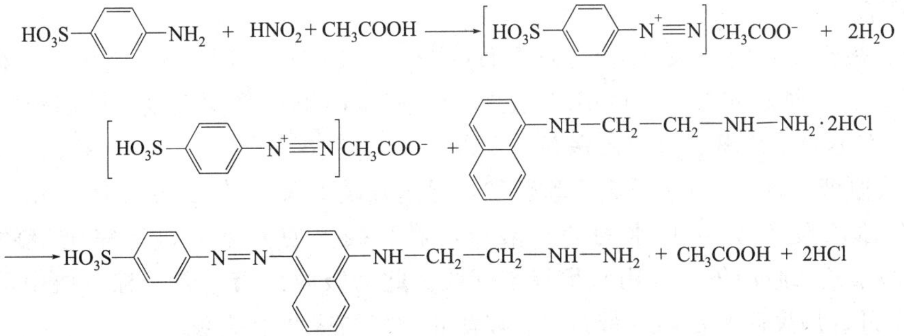

图 4-1　显色反应原理

4.3 实验器材

4.3.1 实验仪器

① 分光光度计。

② 空气采样器：流量范围 0.1～1.0L/min。采样流量为 0.4L/min 时，相对误差小于 ±5%。

③ 吸收瓶：可装 10mL 吸收液的多孔玻板吸收瓶，液柱高度不低于 80mm。图 4-2 所示为较为适用的两种多孔玻板吸收瓶。使用棕色吸收瓶，或采样过程中在吸收瓶外罩黑色避光罩。新的多孔玻板吸收瓶或使用后的多孔玻板吸收瓶，应用 1∶1HCl 浸泡 24h 以上，用清水洗净。

④ 1cm 石英比色皿。

⑤ 双球玻璃氧化管：内装涂有三氧化铬的石英砂（图 4-3）。

⑥ 10mL 具塞比色管。

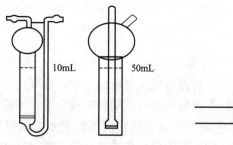 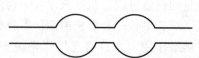

图 4-2 多空玻板吸收瓶示意图   图 4-3 双球玻璃氧化管示意图

4.3.2 实验试剂

① 冰乙酸。

② 盐酸羟胺溶液，$\rho = 0.2～0.5g/L$。

③ 硫酸溶液，$c(1/2H_2SO_4) = 1mol/L$：取 15mL 浓硫酸（$\rho = 1.84g/mL$），徐徐加到 500mL 水中，搅拌均匀，冷却备用。

④ 酸性高锰酸钾溶液，$\rho(KMnO_4) = 25g/L$：称取 25g 高锰酸钾于 1000mL 烧杯中，加入 500mL 水，稍微加热使其全部溶解，然后加入 1mol/L 硫酸溶液 500mL，搅拌均匀，贮于棕色试剂瓶中。

⑤ 盐酸萘乙二胺储备液，$\rho[C_{10}H_7NH(CH_2)_2NH_2 \cdot 2HCl] = 1.00g/L$：称取 0.50g N-(1-萘基) 乙二胺盐酸盐于 500mL 容量瓶中，用水溶解稀释至刻度。此溶液贮于密闭的棕色瓶中，在冰箱中冷藏，可稳定保存 3 个月。

⑥ 吸收原液：称取 5.0g 对氨基苯磺酸，通过玻璃小漏斗直接加入 1000mL 容量瓶中，加入 50mL 冰乙酸和 900mL 水的混合溶液，盖塞振摇使其溶解，待完全溶解后，加入 0.050g 盐酸萘乙二胺溶解后，用水稀释至标线。此为吸收原液，贮于棕色瓶中，在冰箱中可保存 2 个月。用聚四氟乙烯胶带封口，以防止空气与吸收液接触。

⑦ 采样用吸收液：按 4 份吸收原液和 1 份水的比例混合配制。

⑧ 三氧化铬-石英砂氧化管：筛取 20～40 目石英砂，用 1∶2 盐酸浸泡一夜，用水洗至中性并烘干。把三氧化铬及石英砂按质量比（1∶20）混合，加少量水调匀，放在烘箱中于 105℃烘干，烘干过程中应搅拌几次，制备好的三氧化铬-石英砂应是松散的。将此石英砂装入双球玻璃管中，两端用少量脱脂棉塞好，用乳胶管或塑料管制的小帽将氧化管两端密封，放在干燥器中保存，使用时氧化管与吸收管之间用一小段乳胶管连接，采集的气体尽可能少与乳胶管接触，以防氮氧化物被吸附。

⑨ 亚硝酸钠标准储备液：称取 0.1500g 亚硝酸钠（$NaNO_2$）（预先在干燥器内放置 24h 以上），溶于水后移入 1000mL 容量瓶中，用水稀释至标线。此溶液每毫升含 0.1mg NO_2^-，贮于棕色瓶保存在冰箱中，可稳定 3 个月。

⑩ 亚硝酸钠标准溶液：临用前，吸取储备液 95.00mL 于 100mL 容量瓶中，用水稀释至标线，此溶液每毫升含 5.0μg NO_2^-。

4.4 实验内容与步骤

4.4.1 采样

用一支内装 5.00mL 采样用吸收液的多孔玻板吸收管，进气口接氧化管，并使管口略微向下倾斜，以免当湿空气将氧化剂弄湿时而污染后面的吸收液。以 0.2～0.3L/min 流量避光采样至吸收液呈浅玫瑰红色为止，记下采样时间，密封好采样管，带回实验室测定，采样时若吸收液不变色，应延长采样时间，采气量应不少于 6L。采样同时，应测定采样现场温度和大气压力，并做好记录。

采样前应检查采样系统的气密性，用皂膜流量计进行流量校准。采样流量的相对误差应小于±5%。采样期间，样品运输和存放过程中应避免阳光照射。气温超过 25℃时，长时间（8h 以上）运输和存放样品应采取降温措施。采样结束时，为防止溶液倒吸，应在采样泵停止抽气的同时，闭合连接在采样系统中的止水夹或电磁阀。

样品采集、运输及存放过程中避光保存，样品采集后尽快分析。若不能及时测定，应将样品于低温暗处存放。样品在 30℃暗处存放，可稳定 8h；在 20℃暗处存放，可稳定 24h；于 0～4℃冷藏，至少可稳定 3d。

4.4.2 实验步骤

（1）标准曲线的绘制

取 7 支 10mL 的具塞比色管，按表 4-1 配制标准系列溶液。

表 4-1　标准系列溶液配制

试剂	0 号比色管	1 号比色管	2 号比色管	3 号比色管	4 号比色管	5 号比色管	6 号比色管
亚硝酸钠标准溶液/(μg/mL)	0.00	0.10	0.20	0.30	0.40	0.50	0.60
吸收原液/mL	4.00	4.00	4.00	4.00	4.00	4.00	4.00
水/mL	1.00	0.90	0.80	0.70	0.60	0.50	0.40
NO_2^- 含量/μg	0.0	0.5	1.0	1.5	2.0	2.5	3.0

将各管摇匀，避开阳光直射，放置 15min，在波长 540nm 处，用 1cm 比色皿，以水为参比测量吸光度，扣除 0 号管的吸光度以后，对应 NO_2^- 的质量浓度（μg/mL），用最小二乘法计算标准曲线的回归方程。标准曲线斜率控制在 $0.960 \sim 0.978$ mL/μg，截距控制在 $0.000 \sim 0.005$ 之间（以 5mL 体积绘制标准曲线时，标准曲线斜率控制在 $0.180 \sim 0.195$ mL/μg，截距控制在 ± 0.003 之间）。

（2）样品测定

采样后，放置 15min，将样品直接移入 1cm 比色皿中在波长 540nm 处测定吸光度。若样品的吸光度超过标准曲线的上限，应用实验室空白试液稀释，再测定其吸光度，但稀释倍数不得大于 6。

（3）空白试验

实验室空白试验：取实验室内未经采样的空白吸收液，用 1cm 比色皿，在波长 540nm 处，以水为参比测定吸光度。实验室空白吸光度 A_0 在显色规定条件下波动范围不超过 $\pm 15\%$。

现场空白：装有吸收液的吸收瓶带到采样现场，与样品在相同的条件下保存、运输，直至送交实验室分析，运输过程中应注意防止沾污。要求每次采样至少做 2 个现场空白测试。将现场空白和实验室空白的测量结果相对照，若现场空白与实验室空白相差过大，查找原因，重新采样。

一般情况下，内装 50mL 酸性高锰酸钾溶液的氧化瓶可使用 $15 \sim 20d$（隔日采样）。采样过程注意观察吸收液颜色变化，避免因氮氧化物质量浓度过高而穿透。

4.5 注意事项

① 空气中二氧化硫质量浓度为氮氧化物质量浓度的 30 倍时，对二氧化氮的测定产生负干扰。空气中过氧乙酰硝酸酯（PAN）对二氧化氮的测定产生正干扰。空气中臭氧质量浓度超过 0.25 mg/m^3 时，对二氧化氮的测定产生负干扰。采样时在采样瓶入口端串接一段 $15 \sim 20$ cm 长的硅橡胶管，可排除干扰。

② 吸收液应避光，且不能长时间暴露在空气中，以防止光照时吸收液显色或吸收空气中的氮氧化物而使试管空白值增高。

③ 氧化管适于在相对湿度为 $30\% \sim 70\%$ 时使用。当空气相对湿度大于 70% 时，应勤换氧化管；小于 30% 时，则在使用前用经过水面的潮湿空气通过氧化管，平衡 1h。在使用过程中，应经常注意氧化管是否吸湿引起板结，或者变为绿色。若板结会使采样系统阻力增大，影响流量；若变成绿色，表示氧化管已失效。

④ 亚硝酸钠（固体）应密封保存，防止空气及湿气侵入。部分氧化成硝酸钠或呈粉末状的试剂都不能用直接法配制标准溶液。若无颗粒状亚硝酸钠试剂，可用高锰酸钾容量法标定出亚硝酸钠储备液的准确浓度后，再稀释为含 5.0 μg/mL 亚硝酸根的标准溶液。

⑤ 溶液若呈黄棕色，表明吸收液已受三氧化铬污染，该样品应报废。

⑥ 绘制标准曲线，向各管中加亚硝酸钠标准使用溶液时，都应以均匀、缓慢的速度加入。

4.6　数据处理

用最小二乘法计算标准曲线的回归方程式：

$$Y = bx + a \tag{4-1}$$

式中　Y——$A - A_0$，标准溶液吸光度（A）与试剂空白溶液吸光度（A_0）之差；

　　　x——NO_2^- 含量，μg；

　　b，a——回归方程式的斜率和截距。

$$氮氧化物(NO_2, mg/m^3) = \frac{(A - A_0) - a}{b \times V_r \times 0.76} \tag{4-2}$$

式中　A——样品溶液的吸光度；

　　　A_0——试剂空白溶液的吸光度；

　　　a，b——意义同上；

　　　V_r——换算为参比状态下〔25℃，760mmHg(1mmHg=133.3224Pa)〕的采样体积；

　0.76——NO_2（气）转换为 NO_2^-（液）的转换系数。

4.7　思考题

① 氮氧化物对人体有哪些危害？

② 氮氧化物与光化学烟雾有什么关系？产生光化学烟雾需要哪些条件？

③ 通过实验测定结果，你认为大气中氮氧化物的污染状况如何？

④ 氧化管在使用一段时间后，其中的三氧化铬由棕黄色变成了绿色，为什么？这根氧化管还能继续使用吗？

⑤ 若溶液在采样过程中呈棕黄色，原因是什么？应该如何处理？

参考文献

［1］ 王禹苏，张蕾，陈吉浩，等.大气中氮氧化物的危害及治理［J］.科技创新与应用，2019（7）：137-138.

［2］ 牟军，马艳，袁媛.盐酸萘乙二胺法测定大气中氮氧化物影响因素分析［J］.低碳世界，2017（7）：18-19.

实验五
挥发性酚类的测定——4-氨基安替比林分光光度法

5.1 实验目的

① 了解 4-氨基安替比林分光光度法测定水中挥发酚的原理；

② 熟练掌握滴定操作，熟悉指示剂的使用和终点的正确判断方法；

③ 学习分光光度计的原理及操作方法。

5.2 实验原理

根据酚类化合物的挥发性，可将其分为挥发酚和不挥发酚。能与水蒸气一起蒸馏出的酚类为挥发酚，通常沸点低于 230℃。水中酚类化合物主要来自石油工业、炼焦工业、有机合成工业、机械制造、医药、农药、油漆等化工生产过程排放的工业废水。

苯酚在浓度超过 5mg/L 后即产生特征性气味，在达到 9~25mg/L 时会对水生生物的生存构成威胁。人体摄入一定量的苯酚，会产生神经系统功能紊乱，产生毒性效应。世界卫生组织（WHO）建议饮用水中的苯酚含量低于 1mg/L。酚类化合物作为环境中重要的污染物，以其毒性、难降解性和生物富集性引起公众的广泛关注，被列入美国环境保护署（USEPA）优先控制污染物名单。

我国对水体中挥发酚类也做出了明确要求，《地表水环境质量标准》（GB 3838—2002）中将挥发酚作为主要的监测指标之一，并对各类水体中挥发酚的标准限值做出了规定。对于地表水，Ⅰ类~Ⅴ类水体挥发酚的标准限值分别为 0.002mg/L、0.002mg/L、0.005mg/L、0.01mg/L 和 0.1mg/L。

国家环境保护标准《水质 挥发酚的测定 4-氨基安替比林分光光度法》（HJ 503—2009）将蒸馏后 4-氨基安替比林分光光度法作为饮用水、地表水、地下水和工业废水中挥发酚测定的标准方法。该方法的测定原理为：用蒸馏法将挥发酚类化合物蒸馏出，并与干扰物质和固定剂分离；被蒸馏出的酚类化合物于 pH＝10.0±0.2 介质中，在铁氰化钾存在下，与 4-氨基安替比林反应，生成橙红色的吲哚酚安替比林染料，其水溶液在 510nm 波长处有最大吸收。

5.3 实验器材

5.3.1 实验仪器

碘量瓶、滴定管、移液管、分光光度计。

5.3.2　实验试剂

活性炭、高锰酸钾、苯酚、溴酸钾、溴化钾、重铬酸钾、硫代硫酸钠、碳酸钠、可溶性淀粉、氯化铵、氨水、4-氨基安替比林、铁氰化钾、甲基橙指示剂、磷酸缓冲溶液、硫酸铜溶液、碘化钾、1∶5硫酸、6mol/L盐酸。

5.4　实验内容与步骤

5.4.1　试剂的配制

（1）无酚水的制备

于1L水中加入0.2g经200℃活化0.5h的活性炭粉末，充分振摇后，放置过夜，用双层中速滤纸过滤。或加氢氧化钠使水呈强碱性，并滴加高锰酸钾溶液至紫红色，移入蒸馏瓶中加热蒸馏，收集馏出液备用。

注：无酚水应贮于玻璃瓶中，取用时应避免与橡胶制品（橡皮塞或乳胶管）接触。

（2）苯酚标准储备液的配制

称取1.00g无色苯酚（C_6H_5OH）溶于水，移入1000mL容量瓶中，稀释至标线。置冰箱内保存，至少稳定一个月。

（3）溴酸钾-溴化钾标准参考溶液的配制 $[c(1/6\ KBrO_3)＝0.1mol/L]$

称取2.784g溴酸钾（$KBrO_3$）溶于水中，加入10g溴化钾（KBr），使其溶解，移入1000mL容量瓶中，稀释至标线。

（4）重铬酸钾标准溶液的配制 $[c(1/6\ K_2Cr_2O_7)＝0.0250mol/L]$

称取预先经140℃烘干的重铬酸钾1.2255g溶于水，移入1000mL容量瓶中，稀释至标线。

（5）硫代硫酸钠标准滴定溶液的配制 $[c(Na_2S_2O_3 \cdot 5H_2O)≈0.0250mol/L]$

称取6.2g硫代硫酸钠溶于煮沸放冷的水中，加入0.4g碳酸钠，稀释至1000mL，临用前用碘酸钾溶液标定。

（6）1％淀粉溶液的配制

称取1g可溶性淀粉，用少量水调成糊状，加沸水至100mL，冷却后置于冰箱内保存。

（7）缓冲溶液的配制（pH值约为10）

称取20g氯化铵溶于100mL氨水中，转移至容量瓶中，加塞，置冰箱中保存。

注：应避免氨挥发引起pH值的改变，注意在低温下保存，取用后立即加塞盖严，并根据使用情况适量配制。

（8）浓度为0.02g/mL的4-氨基安替比林溶液的配制

称取2g 4-氨基安替比林（$C_{11}H_{13}N_3O$）溶于水中，稀释至100mL，置冰箱保存，可使用一周。

注：固体试剂易潮解、氧化，宜保存在干燥器中。

（9）浓度为0.08g/mL的铁氰化钾溶液的配制

称取8g铁氰化钾〔$K_3[Fe(CN)_6]$〕溶于水中，稀释至100mL，置冰箱中保存，可使用一周。

5.4.2 预蒸馏

量取 250mL 水样置于蒸馏瓶中，加数粒小玻璃珠以防暴沸，再加 2 滴甲基橙指示剂，使用磷酸缓冲溶液调至 pH＝4（溶液呈橙红色），加 5.0mL 硫酸铜溶液（如采样时已加，则补加适量）。连接冷凝器，加热蒸馏，至蒸馏出约 225mL 时停止加热，放冷，向蒸馏瓶中加入 25mL 水，继续蒸馏至馏出液为 250mL 为止。

5.4.3 硫代硫酸钠溶液的标定

于 250mL 碘量瓶中，加入 1g 碘化钾、40mL 水，再移入 25mL 重铬酸钾标准溶液，再加 1∶5 硫酸 5mL，加塞，轻轻摇匀，置暗处放置 5min，用硫代硫酸钠溶液滴定至淡黄色，加 1mL 1% 淀粉溶液，继续滴定至蓝色刚刚变为草绿色为止，记录硫代硫酸钠溶液用量。

按下式计算硫代硫酸钠溶液浓度（mol/L）：

$$c = \frac{0.0250V}{V_1} \tag{5-1}$$

式中　V——移取重铬酸钾标准溶液量，mL；

　　　V_1——硫代硫酸钠标准滴定溶液用量，mL；

　0.0250——重铬酸钾标准溶液浓度，mol/L。

5.4.4 苯酚储备液的标定

二维码5-1
滴定至变色终点的视频

吸取 10mL 苯酚储备液于 250mL 碘量瓶中，再加水 90mL；另取一个碘量瓶，加入 100mL 水代替苯酚储备液做空白试验。往两个瓶中各加入 10mL 0.1mol/L 溴酸钾-溴化钾溶液，立即加入 5mL 6mol/L 盐酸，盖好瓶塞，轻轻摇匀，于暗处放置 10min，加入 1g 碘化钾，密塞，再轻轻摇匀，放置暗处 5min。各用 0.0250mol/L 硫代硫酸钠标准滴定溶液滴定至淡黄色，加入 1mL 淀粉溶液，继续滴定至蓝色刚好褪去，记录各自硫代硫酸钠标准滴定溶液用量。

苯酚储备液浓度由下式计算：

$$苯酚(mg/mL) = \frac{(V_1 - V_2)c \times 15.68}{V} \tag{5-2}$$

式中　V_1——空白试验中硫代硫酸钠标准滴定溶液用量，mL；

　　　V_2——滴定苯酚储备液时，硫代硫酸钠标准滴定溶液用量，mL；

　　　V——取用苯酚储备液体积，mL；

　　　c——硫代硫酸钠标准滴定溶液浓度，mol/L；

　15.68——1/6 苯酚的摩尔质量，g/moL。

5.4.5 苯酚标准中间液的配制

取适量苯酚储备液，用水稀释至 100mL，使其浓度为每毫升含 0.010mg 苯酚，使用时当天配制。

5.4.6　标准系列和水样吸光度的测定

取 7 支 50mL 比色管，分别加入 0.00mL、0.50mL、1.00mL、3.00mL、5.00mL、7.00mL、10.00mL 苯酚标准中间液，加水至 50mL 标线。再取一支 50mL 比色管，加 5mL 水样，加水至 50mL 标线。向以上各管加入 0.5mL 缓冲溶液，混匀，此时 pH 值为 10.0±0.2。加 4-氨基安替比林溶液各 1mL，混匀，再加 1mL 铁氰化钾溶液，充分混匀后，放置 10min，立即于 510nm 波长处测定其吸光度。使用 1cm 比色皿，以水为参比，同时做空白试验，经空白校正后，绘制吸光度对苯酚含量（mg）的标准曲线。

二维码5-2
标准系列及比色
过程操作视频

5.5　注意事项

① 水样应于 4℃冷藏，24h 内测定。

② 实验过程应严格控制试剂加入顺序，先加入缓冲剂，再加入氧化剂和显色剂。

③ 4-氨基安替比林易吸潮结块并氧化，使空白背景值变高。因此，宜保存于干燥、少氧化性气体、遮光的环境中。4-氨基安替比林水溶液应现用现配。

5.6　数据处理

① 以标准系列数据绘制吸光度对苯酚含量（mg）的标准曲线，由水样吸光度计算水样含酚量。

② 挥发酚计算公式如下：

$$挥发酚（以苯酚计, mg/L）＝\frac{M}{V}×1000 \tag{5-3}$$

式中　M——由水样的吸光度，从标准曲线上查得的苯酚含量，mg；

V——移取水样体积，mL。

5.7　思考题

① 硫代硫酸钠为何要溶于煮沸放冷的水中？

② 为什么苯酚标准中间液需使用时当天配制？

③ 水样测定前为什么要先进行预蒸馏操作？

④ 若水样中含氧化剂、硫化物等干扰物质，应如何预处理？

参考文献

[1]　马丹青. 水中挥发酚测定方法的比对研究 [J]. 化工设计通讯，2020，46（6）：146-147.

[2]　RANI M, SHANKER U. Photocatalytic degradation of toxic phenols from water using bimetallic metal oxide nanostructures [J]. Colloids and Surfaces A: Physicochemical and Engineering Aspects, 2018,

553：546-561.

[3] MENZIKOV S A. Effect of phenol on the GABAAR-coupled Cl^-/HCO_3^--ATPase from fish brain：An *in vitro* approach on the enzyme function [J]. Toxicology in Vitro，2018，46：129-136.

[4] GB 3838—2002.地表水环境质量标准 [S].

[5] HJ 503—2009.水质　挥发酚的测定　4-氨基安替比林分光光度法 [S].

实验六
环境样品中微塑料的分离、计数与定性检测

6.1 实验目的

① 掌握降尘和灰尘中微塑料的分离方法；
② 学习使用立体显微镜，掌握微塑料的观察和计数方法；
③ 学习使用显微傅里叶变换红外光谱仪，掌握微塑料的定性检测方法。

6.2 实验原理

微塑料（microplastics，MPs），即直径小于 5mm 的塑料颗粒，主要由环境中较大的塑料制品破碎分解而来，也可能源于直接排放（如化纤服装、个人护理品等）。与尺寸较大的塑料颗粒相比，微塑料更容易被生物摄食，且因其具有较大的比表面积，更容易与化学物质发生作用，对生物具有更大的威胁。在 2016 年第二届联合国环境大会上，微塑料污染被列为环境与生态科学领域亟待研究的第二大科学问题。

研究表明，微塑料能够进入大气并进行远距离传输，再通过沉降的方式沉积到水环境和陆地环境中，成为水生和陆地生态系统的污染源。因此对大气降尘中的微塑料进行测定，有助于评估大气微塑料对地表微塑料污染的贡献。而在室内环境中，空气中的微塑料可沉降至地面灰尘中，灰尘是环境中众多污染物的载体，也是人体对众多污染物的主要暴露途径，因此对室内灰尘中的微塑料进行分析测定，同样具有十分重要的意义。

当前对大气降尘的采集，主要依靠被动采样装置，该装置由上部的圆筒形降尘采样器和下方的铁架构成（图 6-1），铁架距地面 1.2m 左右，主要是为了避免地面扬尘对采样的干扰。收集采样器中降尘时，除了采集集尘缸内的降尘外，还需通过超纯水洗涤集尘缸，并将洗涤后的溶液烘干，以保证能收集到残留在缸壁上的降尘。与采集降尘相比，室内灰尘的采集相对简单，用刷子对室内地面进行清扫，并将收集好的样品密封于内镀铝箔的牛皮纸袋中即可。

对微塑料的分析检测，主要包括微塑料形貌和化学组分分析，以及微塑料的丰度和质量浓度测定。在本实验中，主要利用立体显微镜对浮选后的微塑料颗粒进行计数，并利用显微傅里叶变换红外光谱仪（μ-FTIR）对 $10\mu m$ 以上的微塑料颗粒进行定性。其中，浮选的原理是利用密度分离溶液，使物质悬浮或沉淀

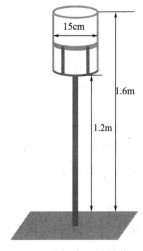

图 6-1 大气降尘采样装置

在与之密度不同的液体中，大气环境中采集的样品多选用氯化锌作为密度分离溶液。μ-FT-IR 的原理是对样品进行红外检测，样品中的官能团会吸收一部分红外光，通过测定吸收的红外光及傅里叶变换函数对其进行转换，得到所测颗粒组成的光谱，再将得到的光谱与参考谱库中的光谱进行对比，进而确定微塑料颗粒的化学组成。该方法具有较高的通量，能够分析更小粒径范围的颗粒，并能对微塑料颗粒进行表征，设备操作较为便捷。

除上述方法外，微塑料研究中可采用质谱方法进行特定成分的检测，但因实验要求较高，故只作为选做内容，具体方法详见参考文献 [5]、[6]。

6.3 实验器材

6.3.1 实验仪器

烧杯、移液管、石英纤维滤膜、电热恒温干燥箱、千分之一天平、磁力搅拌器、立体显微镜、显微傅里叶变换红外光谱仪（恒温振荡器、离心机可作为代替搅拌和静置的备选方案）。

6.3.2 实验试剂

氯化锌溶液（浓度 52%）。

6.4 实验内容与步骤

6.4.1 样品中微塑料的分离

准备好提前用降尘缸采集一个月的降尘（视课程时间安排，可考虑采集道路尘，筛分出特定粒级的颗粒作为替代），从中称取 0.02g 降尘样品至 100mL 烧杯中，加入 50mL 氯化锌溶液，搅拌 5min，室温下静置 2h 后，将上层溶液过滤至 0.3μm 石英滤膜上。重复上述过程，将两次得到的上层溶液过滤到同一张滤膜上。将滤膜置于干燥箱内 60℃ 干燥 48h，待测。

灰尘样品提前从宿舍采集，用猪鬃毛刷对寝室地面进行清扫，所有收集好的样品密封于内镀铝箔的牛皮纸袋中，刷子上黏附的灰尘尽量转移到采样袋内，仍然黏附在刷子上的样品不再考虑。实验时，先将样品中的毛发、石头和废纸屑挑出，随后称取 10～15mg 灰尘样品，分离过程与降尘样品相同。另外，可考虑使用离心机代替静置，缩短分离时间。操作时，将离心管于恒温振荡器中 200r/min 振荡 20min，于离心机内 1400g 离心 10min，然后将上层溶液过滤至石英滤膜上。考虑到离心管本身为塑料材质，此处需设置空白样，以排除离心管的背景干扰。

浮选时，空气中的微塑料或实验者身上的纤维可能落入烧杯中，因此实验过程应设置空白对照，即一个烧杯中加入降尘或灰尘样品，另一个不加，二者同时完成微塑料分离的各项步骤。

6.4.2 微塑料的显微镜观察

将 6.4.1 中富集有微塑料样品的石英滤膜经过干燥后，用显微镜对滤膜上的微塑料进行计数，并在计数过程中记录其形态、尺寸和颜色等主要参数。本实验采用的立体显微镜（舜宇 SZN71）放大倍数为 45 倍。实验过程中将滤膜置于立体显微镜下，用镊子不断移动滤膜，以确保观察到整张滤膜，该过程需要重复 3 次。微塑料的鉴别遵循以下原则：纤维在长度范围内的直径一致；颜色澄清均质；无细胞和组织结构。

6.4.3　激光红外成像系统

由于环境样品中可能含有各种不同形状和颜色的其他颗粒物，通过显微镜观察不能完全判定其是否为微塑料，因此采用安捷伦 8700LDIR 激光红外成像系统（MCT 检测器）的反射模式对微塑料的化学成分进行进一步分析。

实验时，将滤膜置于乙醇溶剂中超声洗涤三次，并将含有样品的乙醇溶剂浓缩至 1mL。制片过程如下：①Kevley 窗片的右侧用马克笔涂黑，使用微量滴管一次取 20μL 左右样品滴至窗片上。②静置待乙醇挥发完全（干燥过程中可使用大烧杯将窗片完全罩住，以防污染），进行测试。采集光谱范围为 $1800\sim1000\text{cm}^{-1}$，分辨率在 10μm 以上，接下来利用 Agilent Clarity 软件微塑料测试模块进行测试定性。测试过程如下：①将已滴好微塑料样品的 Kevley 窗片放置在样品底座上，将该底座插入样品台。②启动 Agilent Clarity 软件微塑料测试模块，样品台自动运行到测试位置并完成自动对焦。③选定 Kevley 窗片上微塑料所在的测试区域，软件将用 1800cm^{-1} 处固定波数对选定面积进行快速精确扫描，并自动完成区域内微颗粒的识别、定位、拍照，识别精度达到 1μm。④软件自动选定无颗粒空白处采集背景光谱，然后对识别出的所有微颗粒依次采集可视化图像和红外光谱，并完成光谱的定性检索。

二维码6-1
制片与红外光谱
测试操作视频

6.5　注意事项

实验过程中，实验室环境及操作者衣物等污染可能对实验结果造成影响，因此实验中需进行相关的质量控制工作。

① 实验中使用的不锈钢镊子和玻璃容器，需用色谱级甲醇洗涤两次，150℃干燥。

② 实验中使用的溶液在使用前过 0.22μm 聚四氟乙烯滤膜。

③ 牛皮纸袋和猪鬃毛刷用乙醇清洗两次，并在无尘工作台上干燥备用。

④ 样品中微塑料的分离、过滤以及载玻片的制备过程都在超净台上进行，并用铝箔纸密封。

6.6　数据处理

① 按照大小，将微塑料分为 $0\sim20\mu$m、$20\sim50\mu$m、$50\sim100\mu$m、$100\sim200\mu$m、$200\sim500\mu$m、$500\sim1000\mu$m、$>1000\mu$m 7 个范围，依据 6.4.2 中实验步骤，将 3 次显微镜观察结果取平均值，得到降尘和灰尘中微塑料的丰度。

② 计算大气降尘中微塑料的沉降通量，方法如下：

$$微塑料沉降通量[个/(\text{m}^2 \cdot \text{d})]=n/(s\times t)$$

式中，n 为显微镜下观察到的样品中微塑料个数，个；s 为装置收集口面积，m^2；t 为采集时间，d。

③ 在 Synthetic Fibers of Microscope、Hummel Polymers and Additives、Microscope IR、Sprouse Polymers by Transmission、Common Materials 数据库里进行检索。将降尘和灰尘样品的红外谱图与标准谱图进行对比，匹配程度为 70% 以上则认为样品中含有标准物质。由此计算样品中各类微塑料化学组分的占比。

6.7 思考题

① 微塑料有哪些常见的形态和类型？

② 实验中有哪些质量控制的操作？如何设置空白？

③ 相比玻璃纤维滤膜，石英纤维滤膜在过滤时更易碎，为什么实验中还要优先选择石英滤膜？

参考文献

[1] 周倩，田崇国，骆永明. 滨海城市大气环境中发现多种微塑料及其沉降通量差异 [J]. 科学通报，2017，62（33）：3902-3909.

[2] DRIS R，GASPERI J，SAAD M，et al. Synthetic fibers in atmospheric fallout：a source of microplastics in the environment [J]. Marine Pollution Bulletin，2016，104：290-293.

[3] DRIS R，GASPERI J，MIRANDE C，et al. A first overview of textile fibers, including microplastics, in indoor and outdoor environments [J]. Environmental Pollution，2017，221：453-458.

[4] LIU C，LI J，ZHANG Y，et al. Widespread distribution of PET and PC microplastics in dust in urban China and their estimated human exposure [J]. Environmental International，2017，128：116-124.

[5] CHU P，TANG X，GONG X，et al. Development and application of a mass spectrometry method for quantifying nylon microplastics in environment [J]. Analytical Chemistry，2020，92（20）：13930-13935.

[6] WANG L，ZHANG J，HOU S，et al. A simple method for quantifying polycarbonate and polyethylene terephthalate microplastics in environmental samples by liquid chromatography-tandem mass spectrometry [J]. Environmental Science & Technology Letters，2017，4：530-534.

实验七
玻璃电极法和溶解氧分析仪法分别测定水的 pH 值和溶解氧

7.1 实验目的

① 掌握直接电位法测量 pH 值的原理，了解玻璃电极的膜响应机理；
② 学会正确使用 pH 玻璃电极和酸度计；
③ 了解溶解氧分析仪的测定原理；
④ 学会正确使用溶解氧分析仪测定溶解氧。

7.2 实验原理

7.2.1 玻璃电极法测 pH 值

氢离子浓度指数又称"pH 值"，是表示溶液酸性或碱性程度的数值，用溶液中氢离子活度的常用对数的负值表示，量纲为 1，其公式表达为：

$$pH = -\lg a(H^+) \tag{7-1}$$

天然水体的 pH 值相对来说都是处于平衡状态。例如，大部分江河的 pH 值在 6～8 之间，湖水则通常会在 7.2～8.5 之间。但是如果水体受到酸碱污染，pH 值会发生较大的变化。在水体 pH 值小于 6.5 或大于 8.5 时，水中微生物生长会受到抑制，会使水体自净能力受到阻碍。若长期受到影响，会对生态平衡产生不良影响，使水生生物的种群受到威胁，鱼类减少，甚至绝迹。此外 pH 值变化，还可能造成水中设施或者是船舶的腐蚀。

在 pH 值低的情况下，水中 Fe^{2+} 和 H_2S 的浓度都会增高，而这些成分的毒性又和低 pH 值有协同作用，pH 值越低，毒性越大；高的 pH 值又会增大氨的毒性。pH 值还通过直接影响植物的光合作用和各类微生物的生命活动，从而影响水体的整个物质代谢。因此，及时有效地监测水体 pH 值具有重大意义。

玻璃电极法为常用的水体 pH 值测定方法。在测量过程中，以 pH 玻璃电极为指示电极，饱和甘汞电极作参比电极，组成原电池。由于参比电极的电位是已知恒定值，因此通过测定电池两极的电位差，就可知指示电极的电位。

pH 值的测量符合能斯特方程。实际测试中多采用标准比较法，即先测得 pH 标准缓冲溶液的电动势 E_s，再测定待测样品溶液代替标准溶液时的电动势 E_x，从而得到下列关系：

$$pH_x - pH_s = \frac{E_x - E_s}{2.303RT/F} \tag{7-2}$$

式中 E_x——未知溶液中电池的电动势；

E_s——标准缓冲溶液中电池的电动势；

pH_x——未知溶液的 pH 值；

pH_s——测得标准缓冲溶液的 pH 值；

R——摩尔气体常数，8.3144J/(mol·K)；

T——热力学温度（$T = t + 273.15℃$），K；

F——法拉第常数，96485 C/mol。

当 $t = 25℃$ 时，经换算得：

$$pH_x - pH_s = \frac{E_x - E_s}{0.059} \tag{7-3}$$

即在 25℃时，溶液中每改变一个 pH 值单位，其电动势偏差的变化约为 59mV。实验室使用的 pH 计上的刻度就是根据此原理确定的。通过标准溶液校准、定位后，即可直接从显示屏上读出 pH_x 值。

测定过程中，水的颜色、浊度、胶体物质、氧化剂、还原剂及高含盐量均不干扰测定。但在 pH<1 的强酸性溶液中，会有所谓"酸误差"，可按酸度测定；在 pH>10 的碱性溶液中，因有大量钠离子存在，产生误差，使读数偏低，通常称为"钠差"。消除"钠差"的方法，除了使用特制的"低钠差"电极外，还可以选用与被测溶液的 pH 值相近的标准缓冲溶液对仪器进行校正。温度影响电极的电位和水的电离平衡，须注意调节仪器的补偿装置与溶液的温度一致，并使被测样品与校正仪器用的标准缓冲溶液温度误差在 ±1℃之内。

7.2.2 溶解氧分析仪法测定溶解氧

溶解氧（dissolved oxygen）是指溶解于水中分子状态的氧，即水中的 O_2，用 DO 表示。

溶解氧是水生生物生存不可缺少的条件。溶解氧的一个来源是水中溶解氧未饱和时，大气中的氧气向水体渗入；另一个来源是水中植物通过光合作用释放出的氧。溶解氧随着温度、气压、盐分的变化而变化。一般，温度越高，水中溶解的盐分越多，溶解氧含量越低；气压越高，水中的溶解氧含量越高。溶解氧除了被水中硫化物、亚硝酸根、亚铁离子等还原性物质所消耗外，也被水中微生物的呼吸作用以及水中有机物的氧化分解所消耗。因此溶解氧一定程度上可能表示水体的自净能力。天然水中溶解氧近饱和（9mg/L），藻类繁殖旺盛时，溶解氧含量下降。有机物及还原性物质污染可使溶解氧降低。对于水产养殖业来说，水体溶解氧对水中生物如鱼类的生存有着至关重要的影响，当溶解氧低于 4mg/L 时，就会引起鱼类窒息死亡；对于人类来说，健康的饮用水中溶解氧含量不得低于 6mg/L。当溶解氧（DO）消耗速率大于氧气向水体中渗入的速率时，溶解氧的含量可趋近于 0，此时厌氧菌得以繁殖，使水体恶化，所以溶解氧大小能够反映出水体受到的污染，特别是有机物污染的程度，它是水体污染程度的重要指标，也是衡量水质的综合指标。因此，水体溶解氧含量的测量，对于环境监测具有重要意义。

溶解氧分析仪测量原理：氧在水中的溶解度取决于温度、压力和水中溶解的盐。溶解氧分析仪传感部分由金电极（阴极）和银电极（阳极）及氯化钾或氢氧化钾电解液组成，氧通过膜扩散进入电解液与金电极和银电极构成测量回路。当给溶解氧分析仪电极加上 0.8V 的极化电压时，氧通过膜扩散，阳极释放电子，阴极接受电子，产生电流，整个反应过程为：

$$阳极：Ag+Cl^-\longrightarrow AgCl+e^-$$
$$阴极：O_2+2H_2O+4e^-\longrightarrow 4OH^-$$

根据法拉第定律，在温度不变的情况下，电流和氧浓度之间成线性关系，流过溶解氧分析仪电极的电流和氧分压成正比，从而得到溶解氧的浓度。

7.3　实验器材

7.3.1　实验仪器

pH 值测定：酸度计（常规检验使用的仪器，至少应当精确到 0.1pH 单位）；玻璃电极；饱和甘汞电极；温度传感器；磁力搅拌器；搅拌磁子；100mL 容量瓶 3 个；100mL 聚乙烯烧杯 7 个；250mL 烧杯 3 个；滤纸；镊子 1 把。

溶解氧测定：溶解氧分析仪，如图 7-1 所示。

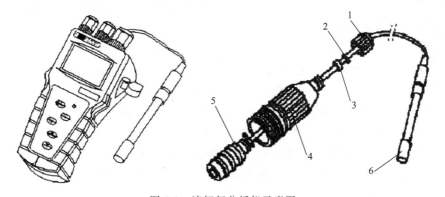

图 7-1　溶解氧分析仪示意图

1—压帽；2—顶圈；3—电缆密封圈；4—测量密封套；5—航空插头；6—氧电极（内含温度电极）

7.3.2　实验试剂

pH 值测定实验中溶液的配制：

当被测样品 pH 值过高或过低时，应配制与其 pH 值相近的标准溶液校正仪器。测量 pH 值时，按水样呈酸性、中性和碱性三种可能，常配制三种标准溶液，配制方法如下。

（1）邻苯二甲酸氢钾（$KHC_8H_4O_4$）标准缓冲溶液（pH＝4.008，25℃）

称取预先在 110～130℃干燥 2～3h 的邻苯二甲酸氢钾（$KHC_8H_4O_4$）10.12g，溶于水并在容量瓶中稀释至 1L。

（2）磷酸二氢钾（KH_2PO_4）＋磷酸氢二钠（Na_2HPO_4）标准缓冲液（pH＝6.865，25℃）

分别称取预先在 110～130℃干燥 2～3h 的磷酸二氢钾（KH_2PO_4）3.388g 和磷酸氢二钠（Na_2HPO_4）3.533g，溶于水并在容量瓶中稀释至 1L。

（3）四硼酸钠即硼砂（$Na_2B_4O_7 \cdot 10H_2O$）标准缓冲溶液（pH＝9.180，25℃）

为了使晶体具有一定的组成，应称取与饱和溴化钠或氯化钠加蔗糖溶液（室温）共同放置在干燥器中平衡两昼夜的硼砂（$Na_2B_4O_7 \cdot 10H_2O$）3.80g，溶于水并在容量瓶中稀释至 1L。

溶液配制和保存要求：

① 分析所用试剂为分析纯或优级纯试剂。

② 配制标准溶液所用的蒸馏水应符合下列要求：煮沸并冷却，电导率小于 $2×10^{-6}$ S/cm，pH 值以 $6.7～7.3$ 为宜。

③ 标准溶液要在聚乙烯瓶中密闭保存。在室温条件下标准溶液一般以保存 1～2 个月为宜，当发现有浑浊、发霉或沉淀现象时，不能继续使用。在 4℃ 冰箱内存放，且用过的标准溶液不允许再倒回去，这样可延长使用期限。

7.4 实验内容与步骤

7.4.1 pH 值测定实验过程

二维码7-1
pH值测定过程视频

① pH 计的调节：先将水样与标准溶液调到同一温度，记录测定温度，并将仪器温度补偿旋钮调至该温度上。调好仪器，接通电源，按下开关键，预热 15min 以上。

② 仪器校准：依次用邻苯二甲酸氢钾溶液（pH＝4.008），磷酸二氢钾＋磷酸氢二钠混合溶液（pH＝6.865）和四硼酸钠溶液（pH＝9.180）校正仪器。pH 电极应先用 3mol/L KCl 溶液浸泡 24h。校准前先用去离子水冲洗电极，用滤纸吸干（不要擦拭）。将 pH 电极和温度传感器同时插入校准溶液中，再按下"校准"键，在磁力搅拌器搅拌下，待读数稳定后，按下"确认"键即完成校正。

③ 样品测定：用标定好的仪器测量。在测量前，先用去离子水冲洗电极 3～5 次，再用被测水样冲洗 3～5 次。将待测液放于磁力搅拌器上搅拌，将电极插入待测液中，在搅拌均匀后，静置，待示数稳定读取 pH 值。

7.4.2 溶解氧测定实验过程

将温度电极接头插入仪器上对应的插座（标有 T 的插座），把温度电极放入待测溶液中，按测量键进行测量，待数值稳定后或出现"OK"，按"确认"键结束，再按"确认"键返回主菜单。

将温度电极插入仪器上所对应的插座，溶解氧电极的插头插入标有 DO 的插孔上，按左移或右移键，将光标移至"DO"下方，把温度电极和溶解氧电极都放入待测溶液中，按"测量"键进行测量，轻轻摇晃溶解氧电极，仪器会先对温度进行测量，数值稳定后按"确认"键测量溶解氧，或待温度数值出现"OK"后仪器会直接对溶解氧进行测量，待溶解氧数值稳定后或出现"OK"后，按"确认"键结束，返回主菜单。

7.5 注意事项

7.5.1 pH 值测定

① 测定 pH 值时，玻璃电极的球泡应全部浸入溶液中，并使其稍高于甘汞电极的陶瓷芯端，以免搅拌时碰坏。

② 必须注意玻璃电极的内电极与球泡之间、甘汞电极的内电极和陶瓷芯之间不得有气

泡，以防断路。

③ 甘汞电极中的饱和氯化钾溶液的液面必须高出汞体，在室温下应有少许氯化钾晶体存在，以保证氯化钾溶液饱和，但须注意氯化钾晶体不可过多，以防止堵塞与被测溶液的通路。

④ 测定 pH 值时，为减少空气和水样中二氧化碳的溶解或逸出，在测水样之前，不应提前打开水样瓶。

⑤ 玻璃电极表面受到污染时，需进行处理。如果是附着无机盐结垢，可用温稀盐酸溶解；对钙镁等难溶性结垢，可用 EDTA 二钠溶液溶解；沾有油污时，可用丙酮清洗。忌用无水乙醇、脱水性洗涤剂处理电极。

⑥ 电极按上述方法处理后，应在蒸馏水中浸泡 24h 以上再使用。

7.5.2　溶解氧测定

① 由于溶解氧电极信号阻抗较高（约 20MΩ），溶解氧电极与转换器之间距离最大为 50m；溶解氧电极不用时也应处于工作状态，可接在溶解氧转换器上。久置或重新再生（更换电解液或膜）的电极，在使用前应置于无氧环境极化 1～2h。由于温度变化对电极膜的扩散和氧溶解度有较大影响，标定时需较长时间（约 10min），以使温补电阻达到平衡；氧分压与该地区的海拔高度有关，仪表在使用前必须根据当地大气压进行补偿；测量溶液的含盐量高时，仪表标定应使用含盐量相当的溶液；对于流通式测量方式，要求流过电极的最小流速为 0.3m/s。

② 要注意干扰气体的影响，例如 CO_2 会使电解液偏酸，NH_3 会使电解液偏碱，且 NH_3 会与银离子反应，影响测量。

③ 要注意氧膜的保护，避免尖硬物和用手触摸。使用后尽量将电极放入水中保存，其水面刚过氧膜即可，不要超过氧电极的焊点处。

④ 1～2 周应清洗一次电极，如果膜片上有污染物，会引起测量误差。清洗时应注意不要损坏膜片。

⑤ 2～3 个月应重新校验一次零点和量程。

⑥ 电极再生大约 1 年左右进行一次。当无法调整测量范围时，就需要对溶解氧电极再生。电极再生方法包括更换内部电解液、更换膜片、清洗银电极。如果观察到银电极有氧化现象，可用细砂纸抛光。

⑦ 在使用中如发现电极泄漏，必须更换电解液。

7.6　数据处理

分别测量不同水样的 pH 值和溶解氧并记录在表 7-1 中。

表 7-1　水样测定记录表

项目	水样 1（采集水）	水样 2（自来水）
pH 值		
溶解氧/（mg/L）		

7.7　思考题

① 如何正确使用 pH 玻璃电极？

② 溶解氧的测定中如何避免其他因素的影响？

参考文献

[1]　李玫.新鲜水样的低离子强度溶液 pH 值测定方法 [J].农业环境与发展,1986 (3)：47.

[2]　潘文澜,罗定贵.溶解氧指标的意义和几种测定方法 [J].当代化工,2014 (7)：1397-1399,1402.

[3]　张丽萍.便携式溶解氧仪法测定水中溶解氧相关问题探讨 [J].环境科学导刊,2014 (增 1)：86-87.

实验八
离子选择电极法测定饮用水中的氟

8.1 实验目的

① 掌握离子选择电极法测定的原理、方法及实验操作；

② 学会正确使用氟离子选择电极和酸度计，并了解氟电极的构造；

③ 了解总离子强度调节缓冲溶液的意义和作用。

8.2 实验原理

氟是人体所必需的微量元素，在人的生命活动中起着非常重要的作用，如有机体正常钙化、生长、生殖。氟离子在人体中的浓度主要取决于外界的环境状况，水是人们生活的必需品，氟可通过饮水直接摄取到体内。按国家规定，饮用水氟含量在 $0.5 \sim 1.0 \, \text{mg/L}$ 为宜，最高不超过 $1.5 \, \text{mg/L}$，饮用水氟含量太低，易得龋齿，过高则会造成氟中毒。饮用水中氟含量的测定为预防及治疗氟中毒、氟缺乏症提供科学依据。目前测定水体中氟离子的方法一般有比色法、离子选择电极法、离子色谱法、高效液相色谱法、原子吸收光谱法、原子发射光谱法、荧光法、分光光度法等。

目前在环境监测中，常用比色法和离子选择电极法测定水中氟离子。比色法测量范围较宽，但干扰因素多，并且要对样品进行预处理；离子选择电极法，用离子选择电极进行测量，可满足环境监测的要求，而且操作简便，干扰因素少，一般不必对样品进行预处理。因此，离子选择电极法是测量氟离子含量的常规方法。由于该方法测量氟离子所用的设备简单，操作方便，而且能快速连续测定，在工业自动分析、环境监测方面得到广泛应用。

氟离子选择电极（简称氟电极）是晶体膜电极（见图 8-1），它的敏感膜由难溶盐 LaF_3 单晶（定向掺杂 EuF_2）薄片制成，电极管内装有 $0.1 \, \text{mol/L} \, NaF$ 和 $0.1 \, \text{mol/L} \, NaCl$ 组成的内充液，浸入一根 Ag-AgCl 内参比电极。本实验利用氟电极、外参比电极饱和甘汞电极（SCE）和待测试液组成的原电池，可表示为：

氟离子选择电极 | F⁻ 试液 ‖ 饱和甘汞电极

一般离子计上氟电极接（—），SCE 接（＋）。电动势 (E) 与氟离子活度 (a_{F^-}) 的对数成线性关系，关系式为：

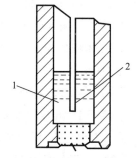

图 8-1　氟离子电极示意图

1—0.1mol/L NaF,

0.1mol/L NaCl 内充液；

2—Ag-AgCl 内参比电极

37

$$E = E^{\ominus} - \frac{2.303RT}{F} \lg a_{F^-} \qquad (8-1)$$

式中　$E^{\ominus}$——标准电动势，常数，V；

　　　R——摩尔气体常数，8.3144J/(mol·K)；

　　　T——热力学温度，K；

　　　F——法拉第常数，96485C/mol。

若在待测试液中加入适量的惰性电解质（如硝酸钠），使离子强度保持不变，离子的活度系数为一常数，则式(8-1)的氟离子活度 a_{F^-} 便可用其浓度［F⁻］来代替，在25℃时，上述表达式可改写为：

$$E = E^{\ominus} - 0.059\lg[F^-] \qquad (8-2)$$

式中，$E^{\ominus}$ 为常数。

由式(8-2)可见，电动势（E）与 $\lg[F^-]$ 成线性关系。因此，只要作出 E 对 $\lg[F^-]$ 的标准曲线，便可由水样测得 E，从标准曲线上求得水样中氟离子的浓度。

本实验利用标准工作曲线测定水中氟离子的含量。测量的 pH 值范围为 5.0～5.5。加入总离子强度调节缓冲溶液（TISAB）控制酸度、保持一定的离子强度和消除干扰离子对测定的影响。

8.3　实验器材

8.3.1　实验仪器

PHSJ-4A 型酸度计、氟离子选择电极、参比电极（SCE）、磁力搅拌器、容量瓶（100mL 7 个、1000mL 1 个）、移液管（50mL 1 支、1mL 1 支、10mL 2 支）、聚乙烯烧杯（100mL 7 个）、滤纸、镊子 1 把。

8.3.2　实验试剂

① 0.100mol/L 氟化钠标准溶液：称取 4.1988g 氟化钠于烧杯中，用去离子水溶解后，转移至 1000mL 容量瓶中稀释至刻度，摇匀，储存于聚乙烯瓶中，备用。

② 总离子强度调节缓冲溶液（TISAB）：称取 29g 硝酸钠和 2.0g 二水合柠檬酸钠，溶于 500mL 体积比为 1∶1 的乙酸与 500mL 5mol/L 的氢氧化钠混合液中，测量溶液的 pH 值，若 pH 值不在 5.0～5.5 之间，可用氢氧化钠或盐酸调节。

③ pH＝4.005 标准缓冲溶液（用于标定 pH 计）：称取 GR（优级纯）邻苯二甲酸氢钾 1.021g 溶于 100mL 的去离子水中。

④ pH＝6.865 标准缓冲溶液（用于标定 pH 计）：称取 GR 磷酸二氢钾 0.34g 与 GR 磷酸氢二钠 0.355g 溶于 100mL 的去离子水中。

⑤ 3mol/L 氯化钾（KCl）溶液 500mL(pH 电极补充液，pH 电极使用前应在该溶液中浸泡 24h)。

⑥ 饱和氯化钾（KCl）溶液（pH 电极补充液）。

8.4 实验内容与步骤

8.4.1 PHSJ-4A 型酸度计的调节

PHSJ-4A 型实验室酸度计（图 8-2）是一款智能型的实验室常规分析测量仪器，适用于医药、环保、高等院校和科研单位的化验室测量水溶液 pH 值，也可用于测量各种离子选择电极的电极电位和溶液温度。该仪器主要特点有：仪器采用微处理器技术，具有自动温度补偿、自动校准、自动计算电极的百分理论斜率等功能。同时，仪器也可以进行手动温度补偿。仪器具有断电保护功能，使用完毕后关机或非正常断电情况下，仪器内部贮存的测量数据和设置的参数不会丢失。

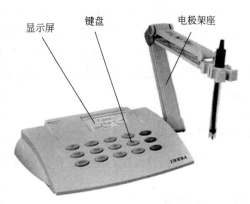

图 8-2 PHSJ-4A 型酸度计

仪器精度为 0.001pH 单位。正常工作条件为：环境温度在 5～35℃ 内，相对湿度不大于 75%，供电电源为直流通用电源（9V，800mA，内正外负）。

仪器有五种工作状态：pH 测量、电极电位测量、温度测量、电极标定和等电位点测量。仪器各工作状态可通过"pH""mV""温度""校准""等电位点"键进行切换。本实验中，将氟离子选择电极和甘汞电极夹在电极架上，使用电极电位（mV）测量功能，测量前需要用蒸馏水表洗电极头部，用被测溶液清洁一次，电极在测量前必须用已知 pH 值的标准缓冲溶液进行定位校准，其值愈接近被测值愈好。不论仪器处于何种工作状态，按"mV"键，仪器即进入电极电位测量工作状态，此时仪器显示当前的电极电位（mV）和温度。

按要求调好 PHSJ-4A 型酸度计至"mV"挡，氟离子选择电极接酸度计负端，参比电极（SCE）接正端。将氟电极浸泡在 0.1mol/L F⁻ 溶液中，约 30min，然后用新鲜的去离子水清洗数次，直至测得的电极电位值达到本底值（测量前要先预热仪器 15min 以上，测量时将参比电极下端的透明塑料盖拧下）。

二维码8-1
氟离子选择电极的使用视频

8.4.2 标准曲线的绘制

首先配制合适浓度的氟标准系列溶液，取 5 个干净的 100mL 容量瓶，用移液管吸取 10mL 0.100mol/L 的 NaF 标液和 10mL TISAB 缓冲液加入一个 100mL 容量瓶中，用去离子水稀释至刻度，摇匀，此溶液为标准使用液，浓度为 10^{-2}mol/L，逐级稀释配成浓度为 10^{-2}mol/L、10^{-3}mol/L、10^{-4}mol/L、10^{-5}mol/L、10^{-6}mol/L 的一组标准溶液，即为标准系列。

将各浓度标液分别移入 100mL 的聚乙烯烧杯，加入搅拌磁子，用去离子水将电极洗净，用滤纸吸去悬挂在电极上的水滴，把电极插入盛有浓度为 10^{-6}mol/L NaF 溶液的烧杯中，开启磁力搅拌器，缓慢、稳定地搅拌。按下"mV"开关，读取仪器指示的电位值。（注意：考虑电极达到平衡电位的时间，等指示稳定后再读数，溶液越稀，达到稳定所需的时间越长。）按浓度由低至高的顺序依次测定 10^{-6} mol/L、10^{-5} mol/L、10^{-4} mol/L、10^{-3} mol/L、10^{-2} mol/L NaF 溶液的电位值。以 E-lg[F^-] 绘制标准曲线。

8.4.3　水样的测定

用移液管移取 50mL 饮用水于 100mL 容量瓶中，加入 10mL TISAB 溶液，用去离子水稀释至刻度，摇匀后，转移到聚乙烯烧杯中，待测定。

将清洗过的氟电极，用滤纸吸取悬挂着的水滴，插入待测液烧杯中（事先放好水样），搅拌数分钟，稳定后读取电位值。根据测得的电位值，由标准曲线可查得相应的氟化物浓度值。

8.4.4　空白试验

用蒸馏水代替水样，按测定样品的条件和步骤进行测定。

8.5　注意事项

① 清洗玻璃仪器时，应先用大量的自来水清洗实验所使用的烧杯、容量瓶、移液管，然后用少量去离子水润洗；

② 测量时浓度由稀至浓，每次测定前用被测试液清洗电极、烧杯以及搅拌子；

③ 绘制标准曲线时，测定一系列标准溶液后，应将电极清洗至原空白电位值，然后再测定未知试液的电位值；

④ 测定过程中更换溶液时，"测量"键必须处于断开位置，以免损坏离子计；

⑤ 测定过程中搅拌溶液的速度应恒定。

8.6　数据处理

① 记录 NaF 标准系列溶液测得的电位值，绘制 E 对 lg[F^-] 的标准曲线。

② 记录未知试样溶液的电位值，由标准曲线查得其氟离子浓度 [F^-]，并按式(8-3)计算饮用水中氟含量。

$$W_F = [F^-] \times 100/50.0 \times M_F \times 1000 \tag{8-3}$$

式中　W_F——水样中氟含量，mg/L；

M_F——氟的原子量。

8.7　思考题

① 写出离子选择电极的电极电位完整表达式。

② 为什么要加入离子强度调节剂？说明离子选择电极法中用 TISAB 溶液的意义。

参考文献

[1]　蒋晶，皇甫晓东.离子选择电极法与离子色谱法测定生活饮用水中氟化物的比较 [J].环境科学与管

理，2011 (1)：131-133，120.

［2］　王珺.离子色谱法与氟离子选择电极法对生活饮用水中氟测定的比较［J］.医疗装备，2015 (14)：35-36.

［3］　胡红美，郭远明，孙秀梅，等.离子选择电极法测定生活饮用水中氟化物［J］.中国无机分析化学，2013 (3)：13-16.

实验九
碘量法测定水中硫化物

9.1 实验目的

① 了解水中硫化物的组成；
② 掌握碘量法测定水中硫化物含量的原理和操作方法。

9.2 实验原理

水中硫化物包括溶解性的 H_2S、HS^-、S^{2-}，存在于悬浮物中的可溶性硫化物、酸可溶性金属硫化物，以及未电离的有机、无机类硫化物。地下水、温泉水、生活污水和某些工矿企业，如造气、选矿、造纸、印染和制革等工业废水等是水中硫化物的重要来源。

水体中的硫酸盐和含硫有机物在厌氧条件下，能够被细菌还原或降解生成硫化氢。水中硫化物转化为硫化氢，可消耗水体中的氧气，导致水生生物死亡；腐蚀金属管路；与人体细胞色素、氧化酶等的二硫键作用，影响细胞氧化过程，造成组织缺氧。此外，硫化氢易挥发，可不断逸散至空气中，对眼睛、呼吸系统、中枢神经系统等产生影响。

我国对水体中硫化物含量做出了明确要求，《地表水环境质量标准》（GB 3838—2002）中将硫化物作为主要的监测指标之一，并对各类水体中硫化物的标准限值做出了规定。对于地表水，Ⅰ类～Ⅴ类水体硫化物的标准限值分别为 0.05mg/L、0.1mg/L、0.2mg/L、0.5mg/L 和 1.0mg/L。

国家环境保护总局推荐碘量法作为水和废水中硫化物测定的方法，于 2000 年发布了《水质 硫化物的测定 碘量法》（HJ/T 60—2000）。碘量法测定硫化物的原理是硫化物在酸性条件下与过量的碘作用，剩余的碘用硫代硫酸钠溶液滴定，由硫代硫酸钠溶液所消耗的量，间接求出硫化物的含量。碘量法是一种快速、准确且低成本的水中硫化物的检测方法。

在采集水样时，若水样的悬浮物含量高或浑浊度高、色度深时，首先使用酸化-吹气法进行预处理。可向现场采集固定后的水样加入一定量磷酸，使水样中的硫化锌转变为硫化氢气体，利用载气将硫化氢吹出，用乙酸锌-乙酸钠溶液或 2% 氢氧化钠溶液吸收硫化氢，再进行测定。

9.3 实验器材

9.3.1 实验仪器

碘量瓶、滴定管、移液管、分光光度计。

9.3.2 实验试剂

可溶性淀粉、浓硫酸、重铬酸钾、碘、碘化钾、硫代硫酸钠、无水碳酸钠。

9.4 实验内容与步骤

9.4.1 试剂的配制

（1）1%淀粉指示剂的配制

称取 1g 可溶性淀粉，用少量水调成糊状，加沸水至 100mL，冷却后于冰箱内保存。

（2）1:5 硫酸的配制

取 1mL 浓硫酸缓缓加入 5mL 蒸馏水中，搅拌冷却后移入试剂瓶中。

（3）0.05mol/L 重铬酸钾（1/6 $K_2Cr_2O_7$）标准溶液的配制

准确称取预先经 140℃烘干的重铬酸钾（$K_2Cr_2O_7$）2.451g，溶于少量水中，转入 1000mL 容量瓶中，用蒸馏水稀释至标线，摇匀。

注：此时溶液略带浅绿色而非无色，因为溶液中含有 Cr^{3+}。

（4）0.05mol/L 碘（1/2 I_2）标液的配制

准确称取 6.400g 碘于 250mL 烧杯中，加入 20g 碘化钾，加适量水溶解后，转移至 1000mL 棕色瓶中，用水稀释至标线，摇匀。

（5）0.05mol/L 硫代硫酸钠标液的配制与标定

配制：称取 12.4g 硫代硫酸钠（$Na_2S_2O_3 \cdot 5H_2O$）溶于水中，稀释至 1000mL，加入 0.2g 无水碳酸钠，保存于棕色瓶中。

标定：向 250mL 碘量瓶中加入 1g 碘化钾及 50mL 蒸馏水，加入浓度为 0.05mol/L 的重铬酸钾标准溶液 15mL，加入 1:5 硫酸 5mL，密塞混匀，水封，置于暗处静置 5min，用待标定的硫代硫酸钠标准溶液滴定至溶液呈淡黄色时，加入 1mL 淀粉指示液，继续滴定至蓝色消失，记录标准溶液用量（同时做空白滴定）。

硫代硫酸钠标准溶液的浓度按下式计算：

$$c(Na_2S_2O_3) = \frac{15.00}{V_1 - V_2} \times 0.05 \qquad (9-1)$$

式中 V_1——滴定重铬酸钾标准溶液消耗的硫代硫酸钠标准溶液体积，mL；

V_2——滴定空白溶液消耗的硫代硫酸钠标准溶液体积，mL；

0.05——重铬酸钾标准溶液浓度，mol/L。

9.4.2 水样的测定

取含硫废水 50mL，加 10mL 碘标液、5mL 1:5 硫酸溶液，密塞摇匀，水封，暗处放置 5min，用硫代硫酸钠标液滴定至淡黄色时，加几滴淀粉指示剂，继续滴定至蓝色消失，记录用量，同时做空白试验。

二维码9-1
碘量法测定水中
硫化物滴定过程的
操作视频

9.5 注意事项

加入碘标准溶液后，水样若呈无色，说明硫化物含量较高，应补加适量碘标准溶液，使水样呈淡黄色为止，同时，记录碘标准溶液的用量，空白试验组应加入相同量的碘标准溶液。

9.6 数据处理

按照公式计算水中硫化物的含量：

$$硫化物(S^{2-},mg/L) = \frac{(V_0 - V_1) \times c \times 16.03 \times 1000}{V} \tag{9-2}$$

式中　V_0——空白试验中，硫代硫酸钠标液用量，mL；

　　　　V_1——水样滴定时，硫代硫酸钠标液用量，mL；

　　　　V——水样体积，mL；

　　16.03——硫离子（$1/2\ S^{2-}$）的摩尔质量，g/mol；

　　　　c——硫代硫酸钠标液浓度，mol/L。

9.7 思考题

① 若加入碘标准溶液后，水样无色，说明什么问题？需要进行哪些操作？

② 淀粉指示剂应在什么时间加入？

③ 碘标液与硫酸溶液的加入顺序对结果是否有影响？如有影响，阐明其原因。

参考文献

[1] TORO D M D, MAHONY J D, HANSEN D J, et al. Acid volatile sulfide predicts the acute toxicity of cadmium and nickel in sediment [J]. Environmental Science & Technology, 1992, 26 (1): 96-101.

[2] BENOIT J M, GILMOUR C C, MASON R P, et al. Sulfide controls on mercury speciation and bioavailability to methylating bacteria in sediment pore waters [J]. Environmental Science & Technology, 1999, 33 (6): 951-957.

[3] 国家环境保护总局，《水和废水监测分析方法》编委会. 水和废水监测分析方法 [M]. 4版. 增补版. 北京：中国环境科学出版社，2002.

[4] GB 3838—2002. 地表水环境质量标准 [S].

[5] HJ/T 60—2000. 水质　硫化物的测定　碘量法 [S].

实验十
水中壬基酚的被动采样监测

10.1 实验目的

① 掌握半透膜被动采样技术的原理；
② 学习掌握水中壬基酚的测定方法；
③ 学习使用高效液相色谱仪，掌握壬基酚的定量方法。

10.2 实验原理

壬基酚（nonylphenol，NP）是典型的环境内分泌干扰物，它的使用范围很广。NP 的大量使用导致其广泛地暴露，大量含 NP 的工业、农业及生活污水排放到江河中，导致我国的水环境治理面临严峻的挑战。NP 由于具有疏水性，能够在水中富集并通过食物链进入人体，对人的生殖、泌尿、免疫等系统造成严重的损害。目前，国内外水环境中 NP 污染普遍存在。由于水环境体系复杂，有机污染物的含量往往在 μg/L 或 ng/L 数量级，直接测定非常困难，因此通常需要先对水样进行富集才能测定。水样富集方法有很多种，环境监测机构通常采用溶剂萃取法、共沉淀法、蒸馏法、色谱法、活性炭吸附及固体吸附、大孔网状树脂吸附法等。

但是上述方法都受到诸多限制，例如水样采集体积有限，浓缩倍数不高，干扰物质在萃取或过柱的同时也被浓缩，并且干扰目标污染物的检出。即使目标污染物能够检出，其定量准确度也不高。20 世纪 90 年代以来，几种在富集水环境中痕量有毒有机污染物生物有效性浓度方面具有极大优越性的被动采样方法应运而生，包括：固相微萃取法（solid-phase micro-extraction，SPME），主要用于半挥发性污染物的分析检测；半透膜被动采样技术（semipermeable membrane devices，SPMD），主要用于富集非极性有机污染物；极性有机物一体化采样法（polar organic chemical integrative samplers，POCIS），一种用于采集环境中极性有机物的新型被动采样技术。由于多数的优先控制有毒有机物为弱极性或非极性，因此 SPMD 在世界范围内得到了普遍的推广和应用，取得了不错的效果。

SPMD 是一种模拟生物富集有机污染物的被动采样装置。它的结构包括一薄长带状的低密度聚乙烯（LDPE）膜套筒或其他非极性低密度聚合物膜制成的套筒，其内装有一薄层的大分子量中性酯（图 10-1）。由于作为 SPMD 膜材料的是低密度微孔聚合物，表面具有小洞或瞬间微孔，其孔径与许多环境污染物的大小接近，因此分子量较小的溶解态有机物可以通过扩散进入膜内，而附着在水中微粒上或与一些溶解态有机碳（如腐殖酸）相结合的环境污染物则由于体积的限制而无法进入 SPMD 膜内（图 10-2）。进入 SPMD 的有机污染物已经被证明可以定量地用有机溶剂从 SPMD 透析出来,因此可以利用 SPMD 对环境中的有机污染物进行时间累加性的采集和定量分析。

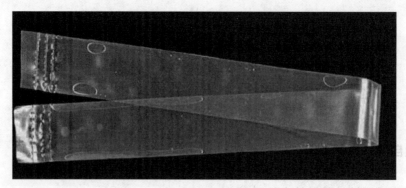

图 10-1　标准 triolein(三油酸甘油酯)-SPMD 实物外观图

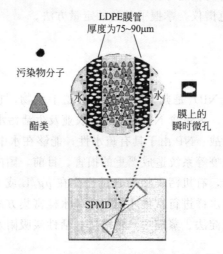

图 10-2　标准 triolein-SPMD 结构示意图

10.3　实验器材

10.3.1　实验仪器

Waters1525 高效液相色谱（HPLC），Waters 2475 荧光检测器，Waters 反相柱（Waters，C_{18}-MS-Ⅱ，4.6mm × 250mm）（Waters 公司，美国），棕色瓶，有机滤膜（0.45μm），旋转蒸发仪。

10.3.2　实验试剂

低密度聚乙烯薄膜管（Environmental Sampling Technologies 公司，美国）、三油酸甘油酯（triolein）[CP 级，中国医药（集团）上海化学试剂公司]、NP 标样（购自 Dr. Ehrenstorfer GmbH 公司，德国）、正己烷、乙腈、异丙醇（色谱纯，天津彪仕奇公司，中国）、甲醇、二氯甲烷、盐酸（1mol/L）、丙酮、叠氮化钠。

10.4　实验内容与步骤

10.4.1　SPMD 样品的制备

制备长 9.2cm、宽 2.5cm、内含 0.1mL 三油酸甘油酯的 SPMD 样品，其表面积与内容酯体积之比（SA-V）符合美国地质调查局规定的标准 triolein-SPMD 的要求。制作好的 SPMD 样品用干净的铝箔包裹，再放入保鲜袋，于 −20℃ 保存待用。

二维码10-1
SPMD样品制备
的操作视频

10.4.2　标准溶液的配制

准确称取 NP 标准品 1mg 倒入 10mL 容量瓶中，用甲醇溶解并定容。逐次稀释得到 20ng/mL、40ng/mL、80ng/mL、200ng/mL、400ng/mL、800ng/mL 的标准溶液系列。

10.4.3　静态富集实验

在每个带磨砂盖子的棕色广口瓶中加入 1L 河水（已过滤），实验组加入壬基酚，配成溶液浓度为 10μg/L，对照组为 1L 河水。同时每瓶加入 0.2g 叠氮化钠作为抑菌剂。每个试剂瓶中放入两条 SPMD，实验过程中一直用盖子塞紧瓶口，不移动棕色瓶，也不进行搅拌等操作。每个样品设两个平行样，静置 1 周。

10.4.4　SPMD 样品的处理

在大烧杯中加入约 100mL 正己烷，将 SPMD 样品放入其中，浸泡约 20～30s 后取出，用脱脂棉蘸取超纯水擦拭膜表面以去除附着污垢，然后用 1mol/L 盐酸溶液浸泡约 30s，取出，依次用超纯水、丙酮、异丙醇进行漂洗，晾干。按 1mL 三油酸甘油酯加入 180mL 高纯度正己烷的比例，于 18℃ 在暗处透析 24h。透析液回收后，于 60℃ 水浴旋转蒸发至干，用甲醇定容至 0.5mL，HPLC 测定之前用 0.45μm 有机滤膜过滤。

二维码10-2
SPMD透析的操作视频

10.4.5　样品分析

Waters HPLC 测定 NP 的条件：Waters C_{18} 反相柱；流动相为乙腈/水（体积比 80∶20）；等度洗脱；流速 1mL/min；Waters 荧光检测器，激发波长为 223nm，发射波长为 302nm；进样量为 20μL。

10.5　注意事项

实验过程中，尽可能少使用塑料成分（聚四氟乙烯除外），因为塑料上可能会存在残留有机物，而且有可能吸附水体中待测的目标化合物而与 SPMD 发生竞争。

10.6 数据处理

① 绘制标准曲线图。

② 计算水中壬基酚的含量。公式如下：

$$c_{NP} = \frac{c_{NP1} \times 0.5}{1000}$$

式中　c_{NP}——水样中壬基酚的浓度，mol/L；

c_{NP1}——HPLC 测得的壬基酚的浓度，mol/L；

0.5——进样小瓶中待测样品的体积，mL；

1000——水样的体积，mL。

10.7 思考题

① 简述半透膜被动采样技术的原理、适用范围。

② 除 SPMD 膜中富集的壬基酚外，水样中是否还残留有壬基酚？如何计算半透膜的富集效率？

③ 举例说明用来推算整个水环境污染物浓度的 SPMD 富集数学模型。

参考文献

[1]　徐应明.大孔网状树脂在富集水体中有机物的应用 [J].上海环境科学，1994，13 (6)：15-18.

[2]　LU Y B，WANG Z J，HUCKINS J. Review of the background and application of triolein-containing semipermeable membrane devices in aquatic environmental study [J]. Aquatic Toxicology, 2002, 60 (1)：139-153.

实验十一
铁的比色测定

11.1 实验目的

① 了解分光光度计基本原理、结构及使用方法；
② 学习比色法测定中标准曲线的绘制和试样测定的方法；
③ 掌握用邻菲啰啉分光光度法测定微量铁的方法原理；
④ 学会数据处理的基本方法。

11.2 实验原理

本实验将利用分光光度法测定水中二价铁和总铁的含量。

分光光度法依据的原理如下。

可见光的波长范围是 $400\sim700nm$，强度为 I_0（入射光强度）的可见单色光通过溶液浓度为 c、液层厚度为 b 的有色溶液后，其透射光强度为 I。I/I_0 表示光线透过溶液的程度，称为透射比，用 T 表示，即 $T=I/I_0$，透射比的负对数称为吸光度，用 A 表示，它们之间的关系为：

$$-\lg T=A \tag{11-1}$$

吸光度（A）与溶液浓度（c）和液层厚度（b）的乘积成正比，即：

$$A=kbc \tag{11-2}$$

该公式称为朗伯-比尔定律。式中，k 为吸光系数。也就是说当入射光波长（λ）及光程（b）一定时，在一定浓度范围内，有色物质的吸光度（A）与该物质的浓度（c）成正比。配制一系列浓度的标准溶液，在实验条件下依次测量各标准溶液的吸光度（A），以溶液浓度为横坐标，相应吸光度为纵坐标，绘制标准曲线。在同样实验条件下，测定待测液的吸光度，从标准曲线上查出相应的浓度，即可计算试样中被测物质的含量。也可应用回归分析软件，将数据输入计算机，得到相应的分析结果。

因此，可以利用合适的显色剂与水样中的铁进行显色反应，随后利用分光光度法的原理，即能测定水中铁的含量。用分光光度法测定试样中的微量铁时，可选用的显色剂有邻菲啰啉（又称邻二氮菲）及其衍生物、磺基水杨酸、硫氰酸盐等。目前一般采用邻菲啰啉法，该方法具有高灵敏度、高选择性、稳定性好、干扰易消除等优点。

在 $pH=2\sim9$ 的溶液中，Fe^{2+} 与邻菲啰啉生成稳定的橘红色配合物 $[Fe(C_{12}H_8N_2)_3]^{2+}$（图 11-1），利用分光光度法的原理，就能测定亚铁离子的含量。

此配合物的 $\lg K_{稳}=21.3$，摩尔吸光系数 $\varepsilon_{510}=1.1\times10^4$ L/(mol·cm)，而 Fe^{3+} 能与

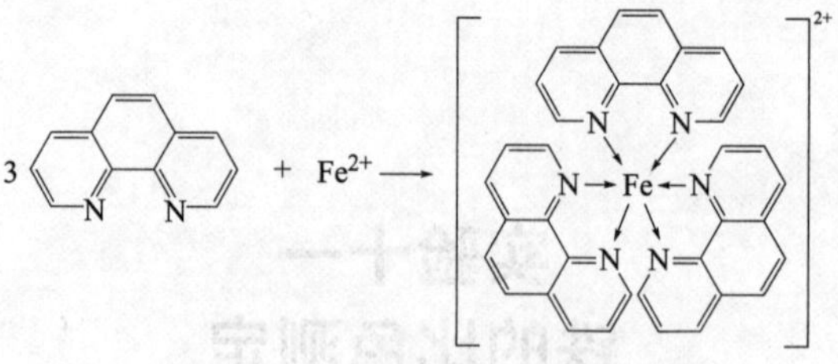

图 11-1　铁的显色反应原理

邻二氮菲生成 3∶1 配合物，呈淡蓝色，$\lg K_{稳}=14.1$。所以在加入显色剂之前，应用盐酸羟胺（$NH_2OH \cdot HCl$）将 Fe^{3+} 还原为 Fe^{2+}，其反应式如下：

$$2Fe^{3+}+2NH_2OH \cdot HCl \longrightarrow 2Fe^{2+}+N_2+2H_2O+4H^++2Cl^-$$

测定时控制溶液的酸度为 pH≈5 较为适宜。

如果用盐酸羟胺还原溶液中的高铁离子，则该方法还可测定总铁含量，从而求出高铁离子的含量。

11.3　实验器材

11.3.1　实验仪器

722N 型分光光度计：能在近紫外、可见光谱区域对样品物质作定性和定量的分析。该仪器可广泛地应用于医药卫生、临床检验、生物化学、石油化工、环境保护、质量控制等部门，是理化实验室常用的分析仪器之一。

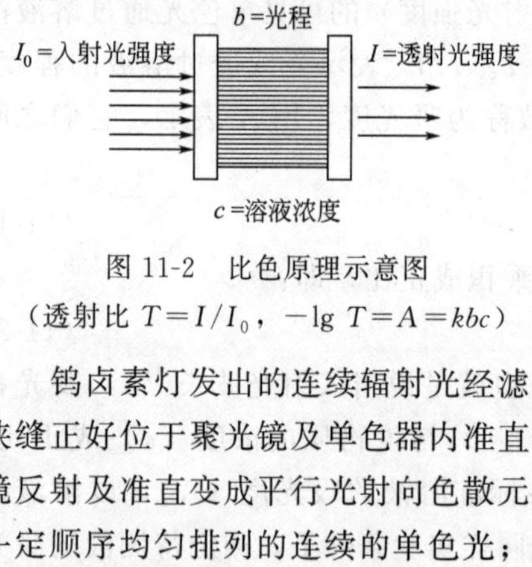

分光光度计的基本原理是溶液中的物质在光的照射激发下，产生了对光的吸收效应，物质对光的吸收具有选择性，各种物质都具有各自的吸收光谱，因此当某单色光通过溶液时，其能量就会被吸收而减弱，光能量减弱的程度和物质的浓度有一定的比例关系，即符合比色原理朗伯-比尔定律，见图 11-2。

图 11-2　比色原理示意图
（透射比 $T=I/I_0$，$-\lg T=A=kbc$）

钨卤素灯发出的连续辐射光经滤色片选择后，由聚光镜聚光后投向单色器入射狭缝，此狭缝正好位于聚光镜及单色器内准直镜的焦平面上，因此进入单色器的复合光通过平面反射镜反射及准直变成平行光射向色散元件光栅，光栅通过衍射作用将入射的复合光分解成按照一定顺序均匀排列的连续的单色光；这样，从光栅色散出来的光谱经准直镜后利用聚光原理成像在出射狭缝上，出射狭缝选出指定带宽的单色光通过聚光镜落在试样室被测样品中心，样品吸收后透射的光经光门射向光电池接收（图 11-3）。

11.3.2　实验试剂

本实验所用试剂除另有注明外，均为符合国家标准的分析纯化学试剂；实验用水为新制备的去离子水。

盐酸，利用蒸馏水配制成 6mol/L。

NaOH 溶液 1mol/L。

浓度为 0.1g/mL 的盐酸羟胺水溶液（此溶液只能稳定数日）。

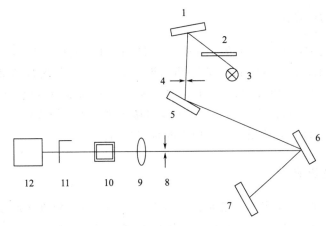

图 11-3 分光光度计光学原理示意图

1—聚光镜；2—滤色片；3—钨卤素灯；4—入射狭缝；5—反射镜；6—准直镜；7—光栅；
8—出射狭缝；9—聚光镜；10—样品架；11—光门；12—光电池

乙酸铵缓冲溶液：40g 乙酸铵加 50mL 冰乙酸用水稀释至 100mL。

浓度为 1.5mg/mL 的邻菲啰啉水溶液，加数滴盐酸促进溶解。

$NH_4Fe(SO_4)_2$ 标准溶液：称取 0.2159g 分析纯 $NH_4Fe(SO_4)_2 \cdot 12H_2O$，加入少量水及 20mL 6mol/L HCl，溶解后，转移至 250mL 容量瓶中，用蒸馏水稀释至刻度，摇匀。此溶液 Fe^{3+} 浓度为 100mg/L。

铁标准使用液：吸取 $NH_4Fe(SO_4)_2$ 标准溶液 25.00mL 于 250mL 容量瓶中，用蒸馏水稀释至标线，摇匀。此溶液 Fe^{3+} 浓度为 10mg/L。

11.4 实验内容与步骤

11.4.1 吸收曲线的制作

用吸量管移取 Fe^{3+}（10mg/L）标准溶液 10.00mL 于 50mL 容量瓶中，用吸量管加入 0.1g/mL 的盐酸羟胺水溶液 1mL，摇匀，加 1.5mg/mL 的邻菲啰啉水溶液 2mL、1mol/L 乙酸铵缓冲溶液 5mL，以水稀释至刻度，摇匀。在分光光度计上用 1cm 比色皿，以蒸馏水为参比，在波长 440～560nm 间，每隔 10nm 测定一次吸光度，以波长为横坐标，吸光度为纵坐标，绘制吸收曲线，找出最大吸收波长 λ_{max}。

11.4.2 显色剂浓度的影响

取 7 只 50mL 容量瓶，用吸量管依次加入 Fe^{3+}（10mg/L）标准溶液 2.00mL 和 0.1g/mL 盐酸羟胺溶液 1mL，摇匀，分别加入 1.5mg/mL 的邻菲啰啉水溶液 0.10mL、0.30mL、0.50mL、0.80mL、1.00mL、2.00mL、4.00mL，然后加入乙酸铵缓冲溶液 5mL，以水稀释至刻度，摇匀。在分光光度计上，用 1cm 比色皿，在最大吸收波长下，以蒸馏水为参比，测定以上 7 个溶液的吸光度。以邻菲啰啉的体积（mL）为横坐标，相应的吸光度为纵坐标，绘制吸光度-显色剂用量曲线，找出测定时加入显色剂的最佳体积（mL）。

11.4.3 有色溶液的稳定性

在 50mL 容量瓶中，用吸量管依次加入 Fe^{3+}（10mg/L）的标准溶液 2.00mL，0.1g/mL 的盐酸羟胺溶液 1mL，1.5mg/mL 的邻菲啰啉溶液 2mL，乙酸铵缓冲溶液 5mL，以水稀释至刻度，摇匀。立即在所用波长下，用 1cm 比色皿，以蒸馏水为参比，测定吸光度，然后放置 5min、10min、30min、1h、2h、3h，测定其吸光度，以时间为横坐标，吸光度为纵坐标，绘制吸光度-时间曲线，找出配合物稳定的时间范围。

11.4.4 溶液酸度的影响

在 9 只 50mL 容量瓶中，用吸量管依次加入 Fe^{3+}（10mg/L）标准溶液 2.00mL，0.1g/mL 的盐酸羟胺水溶液 1mL，1.5mg/mL 的邻菲啰啉溶液 2mL，再分别加入 1mol/L 的 NaOH 溶液 0.00mL、0.20mL、0.50mL、0.80mL、1.00mL、1.50mL、2.00mL、2.50mL、3.00mL，以水稀释至刻度，摇匀。用精密 pH 试纸或 pH 计测定各溶液的 pH 值。在所用波长下，用 1cm 比色皿，以蒸馏水为参比，测定 9 个溶液的吸光度，以 pH 值为横坐标，吸光度为纵坐标，绘制吸光度-pH 曲线，找出测定的适宜 pH 范围。

11.4.5 工作曲线的绘制

二维码11-1
比色法标准
曲线制作的视频

在 5 只 50mL 容量瓶中，用吸量管分别加入 2.00mL、4.00mL、6.00mL、8.00mL、10.00mL $NH_4Fe(SO_4)_2$ 标准溶液（Fe^{3+} 浓度为 10mg/L），然后再各加入 1mL 盐酸羟胺水溶液，摇匀，再加入 5mL 乙酸铵缓冲溶液、2mL 邻菲啰啉水溶液，最后用蒸馏水稀释至刻度，摇匀。在优化的波长条件下（一般为 510nm），用 2cm 比色皿，以蒸馏水作参比溶液测定吸光度。以铁含量为横坐标，相对应的吸光度为纵坐标绘出 A-Fe 标准曲线。标准溶液配制所需试剂及其体积如表 11-1 所示。

表 11-1　标准溶液配制所需试剂及其体积

试剂	空白	2 号试管	3 号试管	4 号试管	5 号试管	6 号试管	未知液
Fe^{3+} 标准溶液/mL	0.0	2.0	4.0	6.0	8.0	10.0	0
盐酸羟胺水溶液/mL	1.0	1.0	1.0	1.0	1.0	1.0	1.0
邻菲啰啉水溶液/mL	2.0	2.0	2.0	2.0	2.0	2.0	2.0
乙酸铵缓冲溶液/mL	5.0	5.0	5.0	5.0	5.0	5.0	5.0
蒸馏水/mL	42.0	40.0	38.0	36.0	34.0	32.0	42.0
最后体积/mL	50.0	50.0	50.0	50.0	50.0	50.0	50.0

11.4.6 铁含量的测定

准确移取 10.0mL 未知液，按工作曲线的测定步骤，测定其吸光度，从工作曲线上求出未知液中 Fe 的含量（mg/mL）。

注：由于本实验所使用的邻二氮菲、盐酸羟胺、乙酸铵、NaOH 等溶液均为无色透明的水溶液，所以实验中所有参比溶液，均可使用蒸馏水。

在选定的波长下，用空白溶液作参比，分别测定不同浓度的溶液（2～6 号）的吸光度。再以溶液中 Fe^{3+} 含量为横坐标，对应的吸光度为纵坐标绘制标准曲线。

11.4.7　Fe^{2+} 的测定

操作步骤与总铁相同，但不加盐酸羟胺溶液。测出吸光度并从标准曲线上查得 Fe^{2+} 的含量（单位为 mg/L）。

测得总铁量和 Fe^{2+} 含量，便可求出 Fe^{3+} 含量。

11.5　注意事项

① 分光光度计使用前注意要调零和校正仪器；
② 比色皿要用待测溶液润洗，透光的两面要擦干净。

11.6　数据处理

铁的含量按下式计算：

$$铁(Fe, mg/L) = m/(V \times 1000) \tag{11-3}$$

式中　m——根据标准曲线计算出的水样中铁的含量，μg；

V——取样体积，mL。

11.7　思考题

① 利用实验测出的吸光度求铁含量的根据是什么？如何求得？
② 如果试液测得的吸光度不在标准曲线范围之内，应如何处理？
③ 如果试液中含有某种干扰离子，它在测定波长下也有一定的吸光度，该如何处理？
④ 本实验中哪些试剂应准确加入，哪些不必严格准确加入？为什么？
⑤ 加入盐酸羟胺的目的是什么？
⑥ 配制 $NH_4Fe(SO_4)_2$ 溶液时，能否直接用水溶解？为什么？
⑦ 如何正确使用比色皿？
⑧ 何谓"吸收曲线""工作曲线"？两者绘制方法及目的各有什么不同？
⑨ 吸收曲线与标准曲线有何区别？各有何实际意义？

参考文献

[1]　HJ/T 345—2007.水质　铁的测定　邻菲啰啉分光光度法（试行）[S].
[2]　曾子琦，李欣，李跑.邻二氮菲比色法测定铁含量的条件优化研究 [J].广州化工，2018，46（14）：77-80.
[3]　王大娟，杨根兰，向喜琼，等.邻菲啰啉分光光度法测定红层砂岩中 Fe（Ⅱ）和全铁的方法探讨 [J].岩矿测试，2020，39（2）：216-224.

实验十二
火焰原子吸收分光光度法测定废水中的溶解态的铜

12.1　实验目的

① 学习火焰原子吸收分光光度仪对金属元素进行定量测定的基本原理；
② 掌握火焰原子吸收分光光度法测定金属离子的操作方法；
③ 学会计算特征浓度值。

12.2　实验原理

在全球范围内，随着工业化和经济化的飞速发展，环境中的重金属污染问题变得日益严重。我国作为世界制造业的中心，也成为重金属消费增长的集中地。铜是一种过渡金属，是人类发现最早的金属之一，稍硬、极坚韧、耐磨损，具有良好的延展性，导热和导电性能良好；铜和铜的一些合金具有较好的耐腐蚀性，在干燥的空气里很稳定。因此铜可广泛用于电力、电子、能源、石化、机械、交通等工业生产和日常生活中。

铜是人体必需的微量元素之一，与人体造血功能、抗氧化功能密切相关。当人体缺铜时，细胞色素氧化酶活性降低，传递电子和激活氧能力下降，造成组织缺氧，会导致记忆力减退、思维混乱、运动失常等。但是过量的铜对人体亦会产生毒害作用，体内过多的铜离子会引起腹泻、腹痛、呕吐等胃肠道黏膜刺激症状；在血液、肝、肾和脑中蓄积，会导致血红蛋白变性，造成溶血性贫血，引起肝和肾坏死、神经组织病变，甚至死亡。

铜作为一种应用广泛的金属，可随工业废水排入自然水体，在水体中富集会破坏生态平衡，影响水生生物生存，还可以通过食物链对人体健康造成伤害。因此，对废水中铜含量的测定对于环境保护和人类健康具有重要意义。

我国《污水综合排放标准》（GB 8978—1996）规定排入设置二级污水处理厂的城镇排水系统的污水中总铜不得超过 2.0mg/L。而对于城镇污水处理厂出水中的总铜，《城镇污水处理厂污染物排放标准》（GB 18918—2002）规定其最高允许排放日均浓度不超过 0.5mg/L。我国《生活饮用水卫生标准》（GB 5749—2022）规定城乡各类集中式供水的生活饮用水中铜含量不得超过 1.0mg/L。

原子吸收分光光度法测定废水中的铜是我国国家标准推荐使用的标准方法。其基本原理为，将水样或经消化处理过的水样（或过滤过）通过雾化器以雾状进入火焰中，在火焰中解离为自由基态原子，依据待测元素的基态原子对其共振辐射的吸收进行定性定量测定。为了避免系统误差，同绝大多数分析方法一样，采用工作曲线法进行定量分析，即先用已知浓度的标准系列进行测量，绘出标准曲线，再在同样条件下测定样品的吸光度，在标准曲线中，

54

查出对应浓度。

12.3 实验器材

12.3.1 实验仪器

容量瓶、移液管、微孔滤膜、火焰原子吸收分光光度仪。

12.3.2 实验试剂

去离子水、铜标准溶液。

12.4 实验内容与步骤

12.4.1 样品处理

取废水样 50mL，用 $0.45\mu m$ 微孔滤膜过滤，滤液待测定。

12.4.2 标准使用液配制

使用铜标准溶液配制浓度为 $50\mu g/mL$ 的铜标准使用液。吸取不同体积的铜标准使用液，分别移入 6 个 100mL 的容量瓶中，用去离子水稀释至刻度，使标准系列各点的 Cu 元素的浓度分别为表 12-1 中所列数值。

表 12-1 标准系列各点 Cu 元素浓度及取用铜标准使用液体积

Cu 元素的浓度/(μg/mL)	0	0.25	0.50	1.50	2.50	5.00
铜标准使用液体积/mL						

12.4.3 仪器准备

按下仪器总开关，在旋转灯架上安装 Cu 空心阴极灯，开启空心阴极灯，调节电流 3～5mA，预热 30min。

12.4.4 绘制标准曲线

将空心阴极灯转到测量位置，并按表 12-2 给出的数值，调节波长和灯电流，使能量表指示最大值；调节空气压缩机，使输出压力为 $3.5kg/cm^2$；开启乙炔钢瓶，输出压力为 $1.1kg/cm^2$，调节减压阀，使其压力为 0.5MPa；点燃乙炔火焰，调节空气和乙炔流量，使火焰呈淡蓝色（此时为贫燃火焰），用去离子水调节吸光度零点。

测试喷雾标准系列，在数字显示仪（仪器面板）上读取并记录各浓度对应的吸光度，以浓度为横坐标、吸光度为纵坐标作标准曲线图。

二维码12-1
原子吸收测定待测溶液中铜的浓度——
开机、准备仪器

55

表 12-2　Cu 元素测定工作条件

元素	λ/nm	灯电流/mA	火焰类型
Cu	324.8	3	贫燃型

12.4.5　样品测定

与测定标准系列在同一条件下，测试喷雾样品，在数字显示仪（仪器面板）上读取并记录样品的吸光度。全部测定完毕，用去离子水喷雾 3～5min，关闭火焰、气瓶和仪器电源。

二维码12-2
原子吸收测定待测
溶液中铜的浓度——
标准系列和样品测定

12.5　注意事项

① 水样必须经过 $0.45\mu m$ 微孔滤膜过滤后方可进样，否则可能会对仪器进样系统、雾化器等造成堵塞。

② 火焰原子吸收分光光度仪开机后，对应元素的空心阴极灯至少预热 30min，以保证测试的准确性。

③ 实验时，要打开通风设备，使金属蒸气及时排出室外。

④ 点火时，先打开空气压缩机，后打开乙炔气瓶；熄火时，先关闭乙炔气瓶，再关闭空气压缩机。

12.6　数据处理

① 按表 12-1 列出标准系列各点 Cu 元素的浓度，并把现场计算的每点加入铜标准使用液体积填入表 12-1。

② 绘出 Cu 元素的标准曲线图。

③ 计算水样中 Cu 元素的测定结果，计算方法如下。

当分析水样体积未发生变化时，从标准曲线上查出的浓度即为水样的分析结果。

当水样经过稀释或浓缩发生体积变化时，按下式计算结果：

$$水样中 Cu 元素浓度(\mu g/mL) = \frac{c \times V_1}{V_0} \tag{12-1}$$

式中　c——从标准曲线中查出的结果，$\mu g/mL$；

　　　V_0——原取水样体积，mL；

　　　V_1——变化后的水样体积，mL。

④ 计算出 Cu 元素的 1% 吸收灵敏度（即特征浓度）。

12.7　思考题

① 废水样品进样前，为何要先使用 $0.45\mu m$ 微孔滤膜过滤？

② 火焰原子吸收使用的燃气是什么气体？作用是什么？

③ 若无吸光度值，如何快速判断是仪器故障还是进样管路堵塞？

④ 1％吸收灵敏度（特征浓度）是什么？如何计算？

参考文献

[1] 黄颜珠.大宝山矿区 Mn、Cu、Cd、Pb 和 As 环境地球化学效应研究［D］.广州：华南理工大学，2010.

[2] 李青仁，王月梅.微量元素铜与人体健康［J］.微量元素与健康研究，2007（3）：61-63.

[3] GB 8978—1996.污水综合排放标准［S］.

[4] GB 18918—2002.城镇污水处理厂污染物排放标准［S］.

[5] GB 5749—2022.生活饮用水卫生标准［S］.

[6] GB 7475—87.水质　铜、锌、铅、镉的测定　原子吸收分光光度法［S］.

实验十三
傅里叶变换红外光谱法测定生物炭表面官能团组成

13.1 实验目的

① 学习红外光谱分析法的基本原理；

② 掌握傅里叶变换红外光谱仪的操作方法；

③ 通过谱图解析及标准谱图的检索，了解热解温度对生物炭表面官能团组成的影响。

13.2 实验原理

傅里叶变换红外光谱法（Fourier transform infrared spectrometry，FTIR）又称"傅里叶变换红外分光光度分析法"，是分子吸收光谱法的一种。它是利用物质对红外光区的电磁辐射的选择性吸收来进行结构分析，以及对各种吸收红外光的化合物进行定性和定量分析的一种方法。

红外光谱的原理在于被测物质的化合物分子中存在着许多官能团，在红外光照射下，只吸收与其分子振动、转动频率相一致的红外光谱，各官能团被激发后，都会产生特征振动或转动，其振动或转动频率反映在红外吸收光谱上，对谱图进行剖析，即可对物质进行定性分析，据此可鉴定化合物表面的官能团组成。

13.2.1 红外光谱产生条件

① 辐射应具有能满足物质产生振动跃迁所需的能量，

即

$$\Delta E_{分子} = \Delta E_{振动} + \Delta E_{转动}$$
$$= h\ (\nu_{振动} + \nu_{转动})$$
$$= hc/\ (\lambda_{振动} + \lambda_{转动}) \tag{13-1}$$

② 辐射与物质之间有耦合作用，产生偶极矩的变化（没有偶极矩变化的振动跃迁，无红外活性；没有偶极矩变化，但是有极化度变化的振动跃迁，有拉曼活性）。

13.2.2 应用范围

红外光谱法对样品的适用性相当广泛，固态、液态或气态样品都能用该方法进行分析，无机、有机、高分子化合物也都可检测。

红外光谱分析可用于研究分子的结构和化学键，也可以作为表征和鉴别化学物种的方法。红外光谱具有高度特征性，可以采用与标准化合物的红外光谱对比的方法，利用化学键的特征波数来鉴别化合物的类型，从而进行分析鉴定。

红外吸收峰的位置与强度反映了分子结构上的特点，用于鉴别未知物的结构组成或确定其化学基团；而吸收谱带的吸收强度与化学基团的含量有关，用于进行定量分析和纯度鉴定。

13.2.3　分析方法

利用红外光谱法鉴定物质通常采用比较法，即与标准物质对照和查阅标准谱图，但是该方法对于样品的要求较高并且依赖于谱图库的数据量。如果在谱图库中无法检索到一致的谱图，则可以用人工解谱的方法进行分析，这就需要分析人员有大量的红外分析知识及经验积累。

大多数化合物的红外谱图是复杂的，即便是有经验的专家，也不能保证从一张孤立的红外谱图上得到全部分子结构信息，如果需要确定分子结构信息，需要进一步借助其他分析测试手段，如核磁、质谱、紫外光谱等。尽管如此，红外谱图仍是提供官能团信息最方便快捷的方法。

13.2.4　生物炭的性质

生物炭是由生物残体（如植物秸秆和动物粪便等）在完全或部分缺氧情况下，经高温慢热（通常低于700℃）产生的一类难熔、稳定、富含碳素、高度芳香化的固态物质。生物炭作为一种环境友好的新型材料，近年来，由于其可以改良土壤，有利于温室气体的减排，用于修复受污染场地，以及在其他方面较强的应用潜力，引起了越来越多的关注。

生物质材料形成生物炭的过程十分复杂。生物质材料热解形成炭的主要反应机制，可以归纳为以下3步。第1步：生物质→水＋未反应残体；第2步：未反应残体→（不稳定组分＋气体）$_1$＋炭$_1$；第3步：炭$_1$→（不稳定组分＋气体）$_2$＋炭$_2$。生物炭的生成也主要经历这三个反应过程，第2步形成的焦炭经过进一步的分解、聚合和化学重组形成高含碳量的固体残渣，即为生物炭。

根据制备生物炭的生物质材料来源，生物炭可以分为植物源生物炭和动物源生物炭两大类，包括木炭，秸秆炭，谷壳炭，家禽、家畜粪便炭等多种类型。热解温度不同，会导致生物炭组成与性质的差异性。低温热解，炭化不完全，既含有未炭化的有机橡胶态炭，又含有完全炭化的玻璃态炭；随着热解温度的升高，芳香性提高，极性降低。热解条件的不同导致生物炭表面官能团组成与含量发生变化。

13.3　实验器材

13.3.1　实验仪器

烘箱、马弗炉、粉碎机、实验筛、陶瓷坩埚、坩埚钳、玛瑙研钵、傅里叶变换红外光谱仪。

13.3.2　实验试剂

生物质原料、溴化钾。

13.4 实验内容与步骤

13.4.1 生物炭的制备

将生物质原料洗净，自然风干 2d 后于 70℃ 左右烘干 12h，用粉碎机粉碎，过 2mm 筛装密封袋备用。

将处理好的生物质原料置于 100mL 陶瓷坩埚，压实盖上盖，在马弗炉内热解炭化。于不同温度下（300℃、500℃、700℃）制备三种生物炭样品，冷却至室温，研磨、过筛后分别密封保存，做好标记备用。

13.4.2 样品制备

① 将生物炭样品和溴化钾试剂烘干备用。

② 使用玛瑙研钵研磨溴化钾至均匀的粉末状。

③ 研磨待测样品和溴化钾的混合物：取 1.5mg 待测样品，按 1∶100 的比例加入溴化钾，在玛瑙研钵中研磨混合物成均匀的粉末状。操作过程在红外线灯下进行，以防止样品吸湿影响测试结果。

④ 分别取适量溴化钾粉末和被测样品与溴化钾的混合物均匀分散倒入模具中；将压模器整体放入压机，锁上油压开关，推动摇杆，将压力压到 10MPa 下保持 3min；打开油压开关，取出压模器，小心取出样品（均匀透明即可），将压后的薄片放入仪器样品架。

二维码13-1
傅里叶变换红外光谱法测定生物炭表面官能团——样品制备

13.4.3 背景测量

使用纯溴化钾粉末压片作为测试背景，测试范围：波数范围 400～4000cm^{-1}，中红外扫描 32 次叠加，温度 25℃，相对湿度 40%～45%，分辨率 0.5cm^{-1}。

13.4.4 样品测量

测试范围同上。测试完毕后，保存数据，整理、关闭实验设备。

13.5 注意事项

① 研磨粒度要小于其红外波长才能避免产生色散，因此样品应研磨至尽量均匀细致的粉末状。

② 操作过程在红外线灯下进行，以防止样品吸湿；此外，不要对着样品呼气，以保持样品干燥，以免影响测试结果。

③ 压片使用的样品量应适宜，过多会导致薄片过厚，影响测定；过少容易导致薄片压制过程中碎裂。样品粉末应均匀散布于模具中，否则也会造成薄片压制过程中碎裂。

13.6　数据处理

使用波数为横坐标、吸光度为纵坐标绘制不同温度所制备生物炭的红外谱图，检索标准谱图与文献，定性分析生物炭表面的主要官能团，并对热解温度对生物炭表面官能团组成的影响进行半定量分析。

13.7　思考题

① 红外光谱对物质进行定性测定的原理是什么？
② 用傅里叶变换红外光谱仪测试样品时为什么要先测试背景？
③ 什么是生物炭？
④ 进行红外光谱测定前需要对样品进行哪些处理？

参考文献

[1]　MARRIS, E. Putting the carbon back：black is the new green [J]. Nature, 2006, 442 (7103)：624-626.

[2]　LEHMANN J, GAUNT J, RONDON M. Bio-char sequestration in terrestrial ecosystems—a review [J]. Mitigation and Adaptation Strategies for Global Change, 2006, 11 (2)：395-419.

[3]　CAO X, MA L, GAO B, et al. Dairy-manure derived biochar effectively sorbs lead and atrazine [J]. Environmental Science & Technology, 2009, 43 (9)：3285-3291.

[4]　DEMIRBAS A. Effects of temperature and particle size on bio-char yield from pyrolysis of agricultural residues [J]. Journal of Analytical and Applied Pyrolysis, 2004, 72 (2)：243-248.

实验十四
色谱法测定大气 PM$_{2.5}$ 中水溶性阴离子

14.1 实验目的

① 学习大气 PM$_{2.5}$ 样品的采集与前处理；

② 了解离子色谱仪的基本原理及操作方法；

③ 掌握离子色谱法的定性和定量分析方法。

14.2 实验原理

PM$_{2.5}$ 组成一般分为水溶性离子、元素组分和碳质组分。PM$_{2.5}$ 中主要的水溶性阴离子有氟离子（F$^-$）、氯离子（Cl$^-$）、硝酸根离子（NO$_3^-$）和硫酸根离子（SO$_4^{2-}$），水溶性离子一般占 PM$_{2.5}$ 质量的 30% 以上。水溶性离子主要来源于直接排放和二氧化硫（SO$_2$）、氮氧化物（NO$_x$）前体物的二次转化。水溶性离子可以显著改变大气颗粒物的吸湿性，影响颗粒物的粒径分布及云凝结核的活力，降低城市大气能见度，影响区域和全球的气候；还具有较强的酸性，可以改变颗粒物中重金属的形态，影响其迁移过程，在一定条件下可明显增加酸雨强度。附着于 PM$_{2.5}$ 中的水溶性离子能够直接渗入肺部毛细血管中，使得有害物质进入人体循环系统，长时间会对人体健康产生极大影响。

PM$_{2.5}$ 中的 F$^-$ 主要来源为工业生产过程排放。沿海城市 PM$_{2.5}$ 中的 Cl$^-$ 主要来源于海盐粒子；内陆城市的 Cl$^-$ 主要来自燃煤源。PM$_{2.5}$ 中的 SO$_4^{2-}$ 主要来源为化石燃料的燃烧；在冬季的排放量远高于其他季节，春季达到最小值。此外，PM$_{2.5}$ 中 SO$_4^{2-}$ 含量也与大气中气态 SO$_2$ 转化为颗粒态 SO$_4^{2-}$ 的光化学反应和液相氧化有关，随着夏季辐射强度的增大，光化学反应增强，SO$_4^{2-}$ 质量浓度会逐渐增大。NO$_3^-$ 一部分来自机动车排放和化石燃料燃烧，另一部分来自气态前体物 NO$_x$ 的转化，生成途径主要有两种：在白天有光照、存在羟基自由基的情况下，NO$_2$ 首先被氧化成硝酸气，在 NH$_3$ 充足（富氨）的情况下，硝酸气会与 NH$_3$ 反应形成细颗粒状的 NH$_4$NO$_3$；夜晚无光照的情况下，羟基自由基的生成被抑制，NO$_2$ 生成硝酸气的途径也就被抑制，因此在夜间 NO$_2$ 倾向于被 O$_3$ 氧化生成 N$_2$O$_5$，进而在颗粒物表面水合生成硝酸盐。

离子色谱是利用离子交换的原理，连续对多种无机阳离子和阴离子进行定性和定量分析。水样经进样口注入六通阀，经泵进入分离柱，使用淋洗液淋洗分离柱中的离子交换树脂，待测离子因对阴离子树脂亲和力不同而彼此分离，被分离的阴离子经抑制器被转换为高电导的无机酸，用电导检测器测定被转变为相应酸的阴离子，与标准系列进行比较，根据保留时间定性，根据峰高和峰面积定量。

14.3　实验器材

14.3.1　实验仪器

干燥箱、十万分之一天平、石英滤膜、$0.22\mu m$ 和 $0.45\mu m$ 滤膜、超声波清洗机、中流量颗粒物采样器、离子色谱仪。

14.3.2　实验试剂

100mg/L F$^-$ 标准溶液、1000mg/L Cl$^-$ 标准溶液、1000mg/L NO$_3^-$ 标准溶液、1000mg/L SO$_4^{2-}$ 标准溶液、20mmol/L KOH 溶液。

14.4　实验内容与步骤

14.4.1　PM$_{2.5}$ 样品采集

① 将石英滤膜放入干燥器中 20℃ 平衡 72h 后进行称量，2 次称量质量之差不大于 0.05mg。

② 用镊子夹取滤膜，使粗糙面朝上，用采样器滤膜夹夹紧。使用中流量颗粒物采样器采集大气中的 PM$_{2.5}$ 颗粒，空气流量为 100L/min，样品采集时间为 12h。

③ 采样结束后，用镊子夹取滤膜，尘面朝上放入滤膜盒中，密封后放入干燥器内保存。运输至实验室后，将石英滤膜放入干燥器中 20℃ 平衡 72h 后进行称量，2 次称量质量之差不大于 0.05mg。

二维码14-1
PM$_{2.5}$样品
采集的操作视频

14.4.2　PM$_{2.5}$ 中可溶性离子的提取

准确切取石英纤维滤膜的 1/8，用镊子夹取 1/8 滤膜，用陶瓷剪刀剪成碎片，置于 10mL 离心管底部，加 8mL 超纯水浸没滤膜，于通风橱里 20℃ 水浴超声浸提 30min 后，4℃ 冰箱放置 12h。将浸提液于 1360g 离心 5min（离心半径 6cm），取出上清液，用 $0.22\mu m$ 的微孔滤膜过滤两次后进行离子色谱分析。

14.4.3　标准溶液的配制

分别从 100mg/L F$^-$ 标准溶液中取 25mL，1000mg/L Cl$^-$ 标准溶液中取 25mL，1000mg/L NO$_3^-$ 标准溶液中取 15mL，1000mg/L SO$_4^{2-}$ 标准溶液中取 25mL 至 500mL 容量瓶中，加水至刻度，得到含 F$^-$ 5mg/L、Cl$^-$ 50mg/L、NO$_3^-$ 30mg/L、SO$_4^{2-}$ 50mg/L 的混合标准溶液。将混合标准溶液稀释 2～20 倍配制系列标准溶液。

14.4.4　样品测试

采用 AS19 阴离子分离柱，AG19 阴离子保护柱，AERS500 阴离子抑制器，KOH 淋洗液 20mmol/L，淋洗液流速 1.0mL/min，抑制器电流 50mA，进样量 25μL，柱温 30.0℃。

按标准系列溶液浓度由低到高的顺序依次注入离子色谱仪（零点浓度点直接注入去离子水），记录峰面积，以离子的质量浓度为横坐标，峰面积为纵坐标，绘制标准曲线。

用同样方法对样品进行测试，记录峰面积。

14.5　注意事项

① 石英滤膜是多微孔结构，具有一定的吸水性能，在不同湿度下的质量会有轻微变化，可对称重分析带来较大误差，因此平衡一段时间后再测量。此外，对滤膜高温（600℃）加热可保证元素分析过程的本底均一和低本底值。

② 石英纤维滤膜在制作过程中，有一面是支撑面，支撑面会有一些纹路，较为光滑；另一面是自然形成的，表面不规则，较为粗糙。支撑面具有更好的结构力；粗糙面具有更好的捕集效率，能有效减少粒子反弹。因此，采样过程中，应将粗糙面朝上收集颗粒物。

③ 温度对红外光谱的信号有一定影响，谱图采集之前需要调用对应温度下采集的背景谱图。

④ 淋洗液使用前应经过 0.45μm 滤膜过滤，防止堵塞管路和色谱柱。

⑤ 流动相瓶中滤头要始终处于液面以下，防止溶液吸干。

14.6　数据处理

① 绘制各离子的标准曲线；
② 计算 $PM_{2.5}$ 中无机阴离子各组分的含量。

14.7　思考题

① 离子色谱的固定相和流动相分别是什么？
② 简述离子色谱对无机阴离子的分离原理。
③ 离子色谱是如何对各个离子进行定性和定量分析的？
④ 请查资料分析离子色谱仪中抑制器的作用。

参考文献

[1] SANNIGRAHI P, SULLIVAN A P, WEBER R J, et al. Characterization of water-soluble organic carbon in urban atmospheric aerosols using solid-state C-13 NMR spectroscopy [J]. Environmental Science & Technology, 2006, 40 (3): 666-672.

[2] RADHI M, BOX M A, BOX G P, et al. Size-resolved mass and chemical properties of dust aerosols from Australia's lake eyre basin [J]. Atmospheric Environment, 2010, 44 (29): 3519-3528.

[3] MANOUSAKAS M, PAPAEFTHYMIOU H, DIAPOULI E, et al. Assessment of $PM_{2.5}$ sources and their corresponding level of uncertainty in a coastal urban area using EPA PMF 5.0 enhanced diagnostics [J]. Science of the Total Environment, 2017, 574: 155-164.

实验十五
环境空气中挥发性有机物的分析测定

15.1 实验目的

① 学习环境空气中挥发性有机物样品的真空罐采集和分析方法；

② 了解气相色谱分离有机物的基本原理及操作方法；

③ 掌握气相色谱-质谱联用仪的定性和定量分析方法。

15.2 实验原理

目前，挥发性有机物（volatile organic compounds，VOCs）尚无统一定义。世界卫生组织（WHO）定义 VOCs 为在标准大气压（101.3kPa）下，熔点低于室温、沸点在 50～260℃之间的挥发性有机化合物。欧盟（EU）定义 VOCs 为标准大气压下初始沸点不高于250℃的有机化合物。环境学领域更关注这类有机物是否活泼，是否容易参加大气化学反应，从而对环境产生危害。

VOCs 种类繁多，是二次有机气溶胶（secondary organic aerosol，SOA）和臭氧（O_3）的重要前体物，导致城市光化学烟雾的形成，VOCs 部分物种具有有毒、有害及致癌作用，对人体健康造成较大危害。VOCs 来源分为自然源和人为源，在全球范围内自然源的 VOCs 贡献率为人为源的 10 倍，但是在人口或工业密集区域，人为源 VOCs 的贡献占主导地位。随着我国社会经济不断发展，VOCs 在城市中产生的污染问题日趋严重，造成光化学烟雾、O_3 浓度升高、灰霾天气次数增加等环境问题。

VOCs 的采样方式主要有三种：真空钝化罐、吸附采样管和 Tedlar 袋采样法。采样罐采用真空高温气镀涂硅去活化处理技术，不易残留，VOCs 保存时间更长。采样罐因本底值低、样品易于保存等优点，得到广泛应用。国家环境保护标准方法亦推荐使用罐采样法进行环境空气中 VOCs 的采集。

样品分析主要由两个步骤组成：样品前处理和气相色谱-质谱/氢火焰离子化检测器联用仪（GC-MS/FID）测定。环境空气或标准气体等样品通过不同进样口被抽取进入双通道气体捕集系统；同时借助双级深冷富集系统将样品中 VOCs 全组分高效捕集并浓缩于捕集管中，其中一级深冷实现对 VOCs 的捕集及脱水，二级深冷实现 VOCs 二次聚焦浓缩；然后通过高达 50℃/s 的升温速率将样品快速加热气化并由载气带入 GC-MS/FID 完成定性与定量分析。

15.3 实验器材

15.3.1 实验仪器

真空钝化罐、清罐仪、动态稀释仪、吸附预浓缩仪、气相色谱-质谱/氢火焰离子化检测器联用仪（GC-MS/FID）。

15.3.2 实验试剂

高纯氮气、高纯氦气、EPA TO-15 标气、EPA PAMS 标气。

15.4 实验内容与步骤

15.4.1 VOCs 样品采集

① 根据实验方案，确定采样周期，调节流量计流量以满足采样时长；使用清罐仪将采样罐抽成真空；将采样设备带至需要采样的点位。

二维码15-1
VOCs采样的
操作视频

② 将采样罐与流量计连接好置于采样架上，取下密封帽，逆时针旋转采样阀，在设定的恒定流量所对应的采样时间达到后，限流阀真空压力表负压归零，采样结束，将采样阀顺时针拧紧，用密封帽密封；同时记录采样时间、地点、温度、湿度、大气压。若采样前真空压力表指针没有指到最左侧，则说明采样罐漏气，应该及时更换合格采样罐，再按上述操作进行采样。

15.4.2 VOCs 组分测定

一次完整的样品分析过程主要包括除水控温、样品采集与预浓缩、加热解析、GC-MS/FID 分析和加热反吹 5 个步骤。

（1）除水控温

VOCs 样品进入气路分流装置，分两路进入预浓缩系统中。气路Ⅰ和气路Ⅱ的样品经过除水阱，去除样品中的水蒸气，避免其对分析检测的影响。气路Ⅰ在除水之前还需要经过 CO_2 去除阱，去除样品中的 CO_2，避免对丙烷等物质的分析造成干扰。

二维码15-2
VOCs样品预浓缩
过程的操作视频

（2）样品采集与预浓缩

将采样罐与仪器进样口相连接后，打开采样罐阀门；在界面上点击"待机"，等待管路各部分达到指定温度；当界面显示"正在待机"，则表示可以进样，点击"开始"，进样系统按照预先设定流量抽取采样罐内样品，接下来会自动进行"捕集"和"二次聚焦"、加热解析、GC-MS/FID分析和加热反吹等步骤。在捕集过程中，VOCs 样品经过超低温捕集阱（$-160℃$）被捕集，N_2 和 O_2 等气体被排出。

（3）加热解析和 GC-MS/FID 分析

预浓缩系统进入待机模式后，双击 MS 化学工作站图标；单击菜单栏"方法"→"调用方法"，选择采集所需方法；待 GC-MS 就绪后，可以开始采集数据；GC-MS 进入等待远程启动状态，接收到预浓缩系统的启动信号后自动开始运行。

样品经采集及预浓缩之后，捕集阱温度升高（110℃），释放 VOCs 样品进入气相色谱系统分析。气路 I 的 VOCs 样品被 HP-PLOT Al_2O_3/KCl 色谱柱分离，利用 FID 检测 $C_2\sim C_4$ 的烷烃和烯烃；气路 II 的 VOCs 样品被 DB-624 色谱柱分离，利用 MS 检测 $C_5\sim C_{12}$ 的烷烃、烯烃、芳香烃、卤代烃和含氧挥发性有机物（OVOCs）等物种。

（4）加热反吹

在两次 VOCs 样品采集间隙对 CO_2 去除阱、除水阱和超低温捕集阱进行加热反吹（120℃），使残留在其中的 CO_2、水蒸气等杂质被去除。

15.4.3　标准曲线的绘制

使用动态稀释仪用高纯氮气（99.99%）将标准气体稀释至 $2\mu g/L$，之后通过控制单次样品进气量来控制进样量。实验中按照浓度由低到高的顺序依次富集 50mL、100mL、150mL、300mL、450mL、600mL 标准气体。在同样条件下捕集高纯氮气（99.99%）作为空白对照。最后以标气的峰面积减去空白对照的峰面积为纵坐标，以标气进样浓度为横坐标作图，得到标气中各个物种的标准曲线。

用同样方法对样品进行测试，记录峰面积。

通过以上方法可定性定量测定 108 种 VOCs，其中包括 29 种烷烃、13 种烯烃和炔烃、18 种芳香烃、35 种卤代烃、13 种 OVOCs，各物种具体信息见表 15-1。

表 15-1　VOCs 目标物种信息

序号	物种	CAS 号	序号	物种	CAS 号
	烷烃		16	2-甲基己烷	31394-54-4
1	乙烷	74-84-0	17	2,3-二甲基戊烷	565-59-3
2	丙烷	74-98-6	18	3-甲基己烷	589-34-4
3	异丁烷	75-28-5	19	正庚烷	142-82-5
4	正丁烷	106-97-8	20	甲基环己烷	108-87-2
5	异戊烷	78-78-4	21	2,2,4-三甲基戊烷	26635-64-3
6	正戊烷	109-66-0	22	2,3,4-三甲基戊烷	565-75-3
7	环戊烷	287-92-3	23	2-甲基庚烷	592-27-8
8	2,2-二甲基丁烷	75-83-2	24	3-甲基庚烷	589-81-1
9	2,3-二甲基丁烷	79-29-8	25	正辛烷	111-65-9
10	2-甲基戊烷	107-83-5	26	正壬烷	111-84-2
11	3-甲基戊烷	96-14-0	27	正癸烷	124-18-5
12	正己烷	110-54-3	28	正十一烷	1120-21-4
13	甲基环戊烷	96-37-7	29	正十二烷	112-40-3
14	环己烷	110-82-7		烯烃与炔烃	
15	2,4-二甲基戊烷	108-08-7	30	二硫化碳	75-15-0

续表

序号	物种	CAS 号	序号	物种	CAS 号
	烯烃与炔烃		65	三氯甲烷	67-66-3
31	乙烯	74-85-1	66	四氯化碳	56-23-5
32	乙炔	74-86-2	67	一溴二氯甲烷	75-27-4
33	丙烯	115-07-1	68	二溴一氯甲烷	124-48-1
34	反-2-丁烯	624-64-6	69	溴甲烷	74-83-9
35	顺-2-丁烯	590-18-1	70	三溴甲烷	75-25-2
36	1-丁烯	106-98-9	71	1,1,2,2-四氟-1,2-二氯乙烷	76-14-2
37	丁二烯	106-99-0	72	氯乙烯	75-01-4
38	1-戊烯	109-67-1	73	氯乙烷	75-00-3
39	顺-2-戊烯	627-20-3	74	1,1-二氯乙烯	75-35-4
40	异戊二烯	78-79-5	75	1,2,2-三氟-1,1,2-三氯乙烷	76-13-1
41	反-2-戊烯	646-04-8	76	反-1,2-二氯乙烯	156-60-5
42	1-己烯	592-41-6	77	1,1-二氯乙烷	75-34-3
	芳香烃		78	顺-1,2-二氯乙烯	156-59-2
43	苯	71-43-2	79	1,1,1-三氯乙烷	71-55-6
44	甲苯	108-88-3	80	1,2-二氯乙烷	107-06-2
45	乙苯	100-41-4	81	三氯乙烯	79-01-6
46	间二甲苯	108-38-3	82	1,1,2-三氯乙烷	79-00-5
47	对二甲苯	106-42-3	83	四氯乙烯	127-18-4
48	邻二甲苯	95-47-6	84	对称四氯乙烷(1,1,2,2-四氯乙烷)	79-34-5
49	苯乙烯	100-42-5	85	1,2-二溴乙烷	106-93-4
50	异丙苯	98-82-8	86	1,2-二氯丙烷	78-87-5
51	正丙苯	103-65-1	87	反-1,3-二氯丙烯	10061-02-6
52	间乙基甲苯	620-14-4	88	顺-1,3-二氯丙烯	10061-01-5
53	对乙基甲苯	622-96-8	89	1,1,2,3,4,4-六氯-1,3-丁二烯	87-68-3
54	1,3,5-三甲基苯	108-67-8	90	氯苯	108-90-7
55	邻乙基甲苯	611-14-3	91	间二氯苯	541-73-1
56	1,2,4-三甲基苯	95-63-6	92	对二氯苯	106-46-7
57	1,2,3-三甲基苯	526-73-8	93	邻二氯苯	95-50-1
58	间二乙基苯	141-93-5	94	1,2,4-三氯苯	120-82-1
59	对二乙基苯	105-05-5	95	氯代甲苯	100-44-7
60	萘	91-20-3		OVOCs	
	卤代烃		96	乙醇	64-17-5
61	二氯二氟甲烷	75-71-8	97	丙酮	67-64-1
62	氯甲烷	74-87-3	98	异丙醇	67-63-0
63	一氟三氯甲烷	75-69-4	99	丙烯醛	107-02-8
64	二氯甲烷	75-09-2	100	乙酸乙酯	141-78-6

序号	物种	CAS 号	序号	物种	CAS 号
OVOCs			105	甲基丙烯酸甲酯	80-62-6
101	四氢呋喃	109-99-9	106	叔丁基甲醚	1634-04-4
102	二噁烷	123-91-1	107	2-己酮	591-78-6
103	2-丁酮	78-93-3	108	4-甲基-2-戊酮	108-10-1
104	乙酸乙烯酯	108-05-4			

15.4.4　采样罐的清洗

为了满足清洗罐内部并抽成指定真空度的要求，清罐仪需要满足以下条件：为采样罐加热、加压、加湿，配备真空泵可以将罐内抽真空至小于 10 Pa；可以在加温加压的同时，为采样罐加热 50~80℃，以去除难清洗组分。

采样罐清洗步骤如下：

① 开机：打开抽气泵、仪器操作面板、氮气瓶，将氮气瓶调整至合适压力；

② 将采样罐连接到清罐仪上，打开阀门；

③ 设置清洗参数：根据样品浓度，在仪器面板上"参数设置"一栏设置清洗次数、清洗时长等，对于环境空气样品，一般设置 3~5 个循环，每个循环 40~60min；

④ 开始清洗；

⑤ 等待清洗完成，关闭采样罐开关，之后关闭仪器抽气泵、后方阀门、氮气瓶，最后关闭仪器电源。

15.5　注意事项

① 实验环境应远离有机溶剂，降低、消除有机溶剂和其他挥发性有机物的本底干扰。

② 进样系统、冷阱浓缩系统中气路连接材料挥发出的挥发性有机物会对分析造成干扰，可适当升高烘烤温度、延长烘烤时间，将干扰降至最低。

③ 采样结束后，须确认阀门完全关闭，并用密封帽密封采样罐采样口，隔绝外界气体，从而降低挥发性有机物在运输保存过程中经过阀门等部件扩散进入采样罐对样品产生污染。

15.6　数据处理

① 绘制 VOCs 各物种的标准曲线；

② 计算环境空气中 VOCs 各组分的含量。

15.7　思考题

① 采样罐内部为何需要钝化处理？

② 简述气相色谱对有机物的分离原理。

③ 如何进行 VOCs 样品测试的质量控制与质量保证？

参考文献

［1］ ZHENG J Y，ZHANG L J，CHE W W，et al. A highly resolved temporal and spatial air pollutant emission inventory for the Pearl River Delta region，China and its uncertainty assessment ［J］. Atmospheric Environment，2009，43（32）：5112-5122.

［2］ WANG H L，JING S A，LOU S R，et al. Volatile organic compounds（VOCs）source profiles of on-road vehicle emissions in China ［J］. Science of the Total Environment，2017（607/608）：253-261.

［3］ GUENTHER A，HEWITT C N，ERICKSON D，et al. A global model of natural volatile organic compound emissions ［J］. Journal of Geophysical Research Atmospheres，1995，100（D5）：8873-8892.

［4］ ATKINSON R，AREY J. Atmospheric degradation of volatile organic compounds ［J］. Chemical Reviews，2003，103（12）：4605-4638.

［5］ HJ 759—2015.环境空气　挥发性有机物的测定　罐采样/气相色谱-质谱法 ［S］.

实验十六
气质联用仪测定土壤中的多环芳烃

16.1 实验目的

① 了解气质联用仪的结构；
② 熟悉气质联用仪的基本使用操作；
③ 掌握气质联用仪测定多环芳烃（PAHs）的基本原理和应用；
④ 练习绘制 16 种多环芳烃的标准曲线，掌握多环芳烃样品的定量分析方法。

16.2 实验原理

早在 1957 年霍姆斯（J. C. Holmes）和莫雷尔（F. A. Morrell）就首次实现了气相色谱和质谱仪的联用。该仪器既有色谱对混合物的快速分离功能，又有质谱对分子结构的鉴定功能，采用不同的扫描方式，可有效地去除干扰。

气相色谱利用物质的沸点、极性及吸附性质的差异实现混合物的分离。待测样品气化后被载气（即流动相）带入色谱柱（柱内填料为固定相），由于不同物质在固定相和流动相中的分配系数各不相同，载气中分配浓度大的组分先流出色谱柱进入检测器，检测器将样品组分的存在情况转变为电信号，并将这些信号放大记录成色谱图。气相色谱法一般适用于沸点较低、热稳定性好的中小分子化合物的分析。

质谱利用带电粒子在磁场或电场中的运动规律，按其质荷比（m/z）实现分离、分析，测定离子质量及强度分布。它可以提供样品中目标化合物浓度值、分子量、分子结构等信息，具有灵敏度高、检测快速等特点。四极杆质谱具有两种扫描方式：全扫描和选择离子扫描。两种扫描方式有各自的特点，全扫描检测碎片信息多，定性准确，但灵敏度低且易受干扰。选择离子监测是当前残留筛选分析中的主要手段。在最近发表的农药残留分析方法中，大部分采用选择离子扫描模式对目标农药进行定性定量分析。选择离子扫描技术不但可以有效去除基质的干扰，而且灵敏度较高。

16.3 实验器材

16.3.1 实验仪器

赛默飞 ISQ 四极杆气质联用仪（GC-MS），由气相色谱和质谱串联而成。单四极杆气质联用仪系统由五个部分组成，分别为：进样部分（气相色谱）；离子源（对样品进行离子化，使其能被质量分析器所分离）；质量分析器（即四极杆分析器）；质量检测器；数据分析系统。ISQ 四极杆气质联用仪工作示意图如图 16-1 所示。

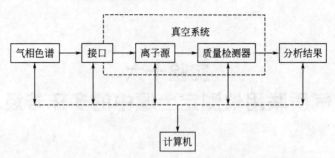

图 16-1　ISQ 四极杆气质联用仪工作示意图

16.3.2　实验试剂及材料

气相色谱柱 Agilent DB5-MS（0.25mm×30m，0.25μm）、进样小瓶（2.0mL）、微量注射器（10μL）、移液枪、高纯氮气（99.99%）、高纯氦气（99.99%）、二氯甲烷（色谱纯）、固相萃取柱（AccuBond Ⅱ ODS-C$_{18}$）、正己烷（色谱纯）、16 种多环芳烃标样。

16.4　实验内容与步骤

16.4.1　仪器与样品准备

二维码16-1
土壤中16种多环芳烃
前处理方法的操作视频

① 土壤中的多环芳烃提前采用索氏提取法用二氯甲烷和正己烷溶剂（体积比 1:1）萃取 12h，并过 C$_{18}$ 固相萃取小柱进行净化；

② 打开载气（高纯氦气），二级表分压调节到 0.5MPa，确认管路阀门处于开启状态；

③ 打开仪器开关，检查泵转速是否上升到 100%，离子源和四极杆是否上升到设定的温度，本实验设定离子源温度 230℃和四极杆温度 150℃；

④ 进行仪器的自动调谐，确保质谱扫描参数要满足水小于 20%，氮小于 10%。

16.4.2　编辑测试条件

① 色谱条件。升温程序：初始柱温设置为 70℃并保持 2min，10℃/min 升至 300℃，保持 300℃直到分析结束（35min）。进样口温度 250℃，MS 转换线温度为 280℃，离子源温度为 230℃。柱流速保持在 1mL/min，进样体积 1μL，不分流进样。

② 质谱条件。运行时采用离子选择监测（SIM）模式。16 种 PAHs 组分的特征离子及保留时间见表 16-1。

表 16-1　16 种 PAHs 组分及对应的测定参数

出峰顺序	化合物	特征离子（m/z）	保留时间/min
1	萘（Nap）	128/127,129,102	7.26
2	苊（Acy）	152/151,153,76	10.97

72

续表

出峰顺序	化合物	特征离子(m/z)	保留时间/min
3	二氢苊(Ace)	154/153,152	11.37
4	芴(Flo)	166/139,165	12.64
5	菲(Phe)	178/165,163,82,176	14.96
6	蒽(Ant)	178/179,176,89	15.09
7	荧蒽(Flu)	202/200,101,203	17.84
8	芘(Pyr)	202/200,201,101,203	18.39
9	苯并[a]蒽(BaA)	228/226,229	21.48
10	䓛(Chr)	228/226,230,113	21.60
11	苯并[b]荧蒽(BbF)	252/250,253,126	25.83
12	苯并[k]荧蒽(BkF)	252/253,250,126	25.94
13	苯并[a]芘(BaP)	252/207,253,250,126	27.24
14	茚并[$1,2,3-cd$]芘(InP)	278/279,139,276	31.62
15	二苯并[a,h]蒽(DBA)	276/138,137,277	31.75
16	苯并[g,h,i]苝(Bg,h,iP)	276/276,279,138	32.57

16.4.3　数据分析

在色谱图不同保留时间处，双击鼠标左键得相应的质谱图，查看目标物的质谱离子化特征；利用标准曲线对土壤样品中16种多环芳烃含量进行定量分析。

① 编辑定量样品的方法，提取出多环芳烃的色谱图。

② 编辑样品批处理方法，生成*.sld 的序列文件，保存后运行批处理方法。

③ 打开上步保存的序列名称，查看样品的定量结果。

16.5　注意事项

① 开机时，确保载气（高纯氦气）阀门打开，再调节气相色谱和质谱相关参数，确定仪器各项指标正常后，开始测样。

② 不要触碰到GC进样口，以免烫伤。

③ 配制标准使用液过程中应规范操作，防止交叉污染。

④ 有机试剂有一定毒性，实验过程中应做好防护，提高安全意识。

16.6　数据处理

① 根据16种多环芳烃的标样用外标法获得多环芳烃的定量曲线。

② 根据获得的样品色谱图和质谱图，判断样品中多环芳烃的出峰情况。

③ 根据获得的多环芳烃定量曲线计算样品中16种多环芳烃的含量。

16.7 思考题

① 四极杆气质联用仪由哪些部分组成?

② 四极杆气质联用仪测定 16 种 PAHs 的原理是什么?

参考文献

[1] 方丽,林晨,王李平,等.气质联用法测定叶菜类蔬菜中的氟虫腈及其代谢物残留量 [J].安徽农业科学,2020,17 (12):206-209.

[2] 曲博,王慧,丁杰,等.磁固相萃取结合气-质联用测定土壤中的有机氯农药 [J].分析科学学报,2020,4 (6):508-512.

实验十七
液质联用仪分析样品中全氟有机化合物

17.1 实验目的

① 熟悉液质联用仪（LC/MS）方法建立流程；

② 掌握液质联用仪的基本操作流程；

③ 熟悉使用液质软件分析数据的方法。

17.2 实验原理

液质联用技术结合了色谱对混合物的分离功能与质谱对分子结构的鉴定功能，以质谱为检测器，采用不同的质谱扫描方式，可有效地去除样品中非目标物的干扰。

在液质联用技术中，液相色谱以液体为流动相，以色谱柱为固定相，色谱分离过程在固定相表面进行，样品分子与流动相分子在固定相表面进行竞争吸附，流动相的选择对分离效果有很大影响，一般可采用梯度淋洗提高色谱分离效率。液相色谱法只要求样品能制成溶液，不受样品挥发性的限制，流动相可选择的范围宽，固定相的种类繁多，因此可以分离热不稳定和非挥发性的、离解的和非离解的以及各种分子量范围的物质。

在液质联用技术中，质谱仪将由液相色谱进样的样品分子在离子源中形成带电粒子，利用带电粒子在磁场或电场中的运动规律，按其质荷比（m/z）实现分离分析，测定离子质量数及强度分布，提供样品中目标化合物浓度值、分子量、分子结构等信息。三重四极杆质谱具有多种扫描方式：全扫描、选择离子监测扫描、多反应监测扫描、母离子扫描、产物离子扫描、中性丢失扫描。最常用的是多反应监测扫描，针对二级质谱或者多级质谱的某两级之间，即从母离子中选一个离子，碰撞后，从形成的产物离子（又称子离子）中选一个离子，用母离子-产物离子的成对离子定性、定量分析一种物质。因为有两次离子选择，所以能排除更多噪声和干扰，灵敏度、信噪比会更高，尤其适用于复杂的、基质背景高的样品。

全氟有机化合物是一类新型有机污染物，具有远距离迁移性、持久性、生物积累性和毒性，因为该类化合物性质特殊，不易挥发，目前绝大部分采用多反应监测扫描对目标全氟有机化合物进行定性定量分析。

17.3 实验器材

17.3.1 实验仪器

液相色谱质谱联用仪由超高效液相色谱和质谱两部分构成。液相色谱仪作为质谱的进样系统，质谱仪则一般由离子源、质量分析器、检测器组成，还包括真空系统、电气系统和数据处理系统等辅助设备。

离子源：使样品产生离子的装置叫离子源。液质联用技术的离子源有电喷雾电离源（ESI）、大气压化学电离源（APCI）、大气压光电离源（APPI），统称大气压电离源，实验室常用的液质离子源为 ESI 源。

质量分析器：由它将离子源产生的离子按质荷比（m/z）分开。离子通过质量分析器后，按不同 m/z 分开，将相同的 m/z 离子聚焦在一起，组成质谱。质量分析器有四极杆、离子阱、飞行时间、傅里叶变换离子回旋共振磁质量分析器等。本实验使用的 LC/MS 质量分析器是三重四极杆（QQQ）：

离子源→第一分析器(MS1)→碰撞室→第二分析室(MS2)→接收器
Q1　　　　　　　 Q2　　　　　　Q3

检测器：离子检测器由收集器和放大器组成。打在收集器上的离子流经放大器放大后产生和离子流丰度成正比的信号。

真空系统：质谱仪的离子源、质量分析器和检测器必须在高真空状态下工作，以减少本底的干扰，避免发生不必要的离子-分子反应。

17.3.2　实验试剂及材料

全氟烷基酸和全氟磺酸的混标（PFAC-MXB）纯度 98%，包括全氟己酸（PFHxA）、全氟庚酸（PFHpA）、全氟辛酸（PFOA）、全氟壬酸（PFNA）、全氟癸酸（PFDA）、全氟十一烷酸（PFUnDA）、全氟十二烷酸（PFDoA）和全氟丁基磺酸（PFBS）、全氟己基磺酸（PFHxS）、全氟辛基磺酸（PFOS）。

实验全过程使用色谱纯试剂和超纯水。清洗密封垫：10%甲醇水溶液；清洗进样针：弱洗用 10%甲醇水溶液，强洗用甲醇。

色谱柱：5cm C_{18} 超高效色谱柱。

流动相：A 相 2mmol/L 乙酸铵，B 相甲醇。

17.4　操作步骤

17.4.1　液质联用方法建立

二维码17-1
液质联用仪的
操作视频

（1）建立质谱方法

本实验采用负离子模式扫描，首先计算化合物单同位素质量数，并准备浓度约 50ng/mL 的标准物质溶液。用仪器调谐功能，使用甲醇冲洗管路后，直接从质谱进样，自动优化母离子、产物离子、碰撞能、锥孔电压等参数，建立多反应监测扫描方法，并查看仪器生成的质谱方法。10 种全氟化合物及对应的质谱参数如表 17-1 所示。

表 17-1　10 种全氟化合物及对应的质谱参数

序号	缩写	分子式	离子对(m/z)	锥孔电压/V	碰撞电压/V
1	PFHxA	$CF_3(CF_2)_4COOH$	312.7＞268.7	15	10
2	PFHpA	$CF_3(CF_2)_5COOH$	362.6＞318.8	14	10

序号	缩写	分子式	离子对(m/z)	锥孔电压/V	碰撞电压/V
3	PFOA	$CF_3(CF_2)_6COOH$	412.6>368.7	15	10
4	PFNA	$CF_3(CF_2)_7COOH$	462.7>418.8	15	11
5	PFDA	$CF_3(CF_2)_8COOH$	512.6>468.6	17	11
6	PFUnDA	$CF_3(CF_2)_9COOH$	562.6>518.6	17	11
7	PFDoA	$CF_3(CF_2)_{10}COOH$	612.4>568.5	16	12
8	PFBS	$CF_3(CF_2)_3SO_3H$	298.9>79.8 298.9>98.9	46	30 27
9	PFHxS	$CF_3(CF_2)_5SO_3H$	398.9>98.9 398.9>79.8	52	33 37
10	PFOS	$CF_3(CF_2)_7SO_3H$	498.9>79.8 498.9>98.8	60	47 40

（2）建立相应的液相方法（表 17-2）

表 17-2　液相梯度淋洗程序

时间/min	流速/(mL/min)	A 相体积比/%	B 相体积比/%
0.0		75	25
0.5		75	25
5.0		15	85
5.1	0.3	0	100
7.0		0	100
7.1		75	25
9.0		75	25

17.4.2　建立自动进样列表

新建空白自动进样列表（样品表）后，选择对应的质谱和色谱方法，输入样品名称、样品瓶在自动进样器中放置的位置、进样体积等信息。全部样品的进样信息编辑完成后保存样品表。

17.4.3　测试样品

选中要采集的样品，开始进样并采集数据。在数据采集过程中，可查看实时色谱图；选中已测试完成的样品，可查看该样品的完整色谱图。

17.4.4　实验结束的操作步骤

① 冲洗色谱柱和关闭液相。如果流动相中使用了缓冲盐，首先必须先将流动相水相换成纯水，灌注 2min 排出气泡；而后，将流速设为测试流速（0.3mL/min），80% 水相，冲

洗至少 30min；最后，换成 80％有机相，冲洗至少 20min，关闭流速，取下色谱柱，用堵头将色谱柱两头堵住，以防止色谱柱中溶剂挥发。冲洗过程结束后，将柱温设为室温。

② 关闭质谱。测试完成后按如下顺序关闭质谱：关氩气→关高压→等待去溶剂气温度降低至 100℃以下→关氮气。

17.5　数据处理

① 定量方法：首先建立目标化合物定量表。新建定量分析表后，添加目标化合物，并输入化合物名称等基本信息；打开色谱图，提取某一化合物单独的母离子-产物离子色谱图，从图上读取定量离子对、保留时间、定性离子比例等信息；根据需求选择标准曲线线型（一般为线性）、原点参数（排除原点、包含原点或强制过原点）、曲线权重参数（痕量分析可选择 $1/x$ 以增加低浓度点权重）、积分参数（积分参数也可在色谱图中调整合适后直接导入）等；逐个完成 10 种全氟化合物的定量参数的设定。

注：在色谱图上读取信息时，要遵循两个原则，选取的位置要以色谱峰的峰尖左右对称，选取的宽度要超过峰的起点和终点。

② 定量分析：在样品表中标记样品类型（标样或待测物等），输入相应的标准品浓度，并选中要处理的数据，运行之前编辑好的定量方法，查看定量分析结果。

17.6　注意事项

① 用 $0.22\mu m$ 的膜过滤缓冲液，所有的缓冲液和超纯水都要新配制，超纯水和缓冲液使用不得超过两天。缓冲盐必须为可挥发性盐，而且浓度小于 $10mmol/L$。

② 有机相要使用高品质的色谱纯试剂。

③ 测试样品溶于水，并用 $0.22\mu m$ 的膜过滤。

④ 优化目标化合物多反应监测扫描参数时，标样浓度在 $0.1\sim1\mu g/mL$ 之间，根据实际的灵敏度调整样品浓度。

17.7　思考题

① 分析双酚 A（BPA）的降解产物以及降解途径，根据化合物性质，推荐检测方法和仪器，并简述理由。

② 结合仪器适用范围简述使用本实验中液质联用仪进行海水中化合物的非靶向分析存在的问题，并给出解决方法。

③ 结合仪器使用要求，分析液相色谱与液质联用仪的流动相异同。

④ 结合仪器上机的样品要求，简述样品前处理与液质检测分析方法的建立流程。

参考文献

[1]　孙东平，李羽让，纪明中，等.现代仪器分析实验技术：上 [M].北京：科学出版社，2015.
[2]　赖聪.现代质谱与生命科学研究 [M].北京：科学出版社，2013.

实验十八
电感耦合等离子体发射光谱法定量测定地表水样品中 K、Ca、Na、Mg 等金属含量

18.1 实验目的

① 掌握电感耦合等离子体发射光谱法的基本原理和应用；
② 了解电感耦合等离子体发射光谱等离子体焰炬的组成；
③ 掌握地表水样品中 K、Ca、Na、Mg 等金属含量测试方法和步骤。

18.2 实验原理

电感耦合等离子体（ICP）发射光谱是根据原子所发射的光谱来测定物质化学组分的仪器。不同的物质由不同元素的原子所组成，而原子都包含一个结构紧密的原子核，核外围绕着不断运动的电子。每个电子处在一定的能级上，具有一定的能量。在正常的情况下，原子处于稳定状态，它的能量是最低的，这个状态被称为基态。原子在外界能量的作用下可以转变成气态原子，气态原子的外层电子被激发至高能态。当电子从较高的能级跃迁到较低能级时，原子将释放出多余的能量而发射出特征谱线。所产生的辐射经过摄谱仪器进行色散分光，按波长顺序记录在感光板上，就可呈现出有规则的谱线条，即光谱图。然后根据所得的光谱图进行定性鉴定或定量分析。

等离子体发射光谱法可以同时测定样品中多元素的含量。当氩气通过等离子体火炬时，经射频发生器所产生的交变电磁场使其电离、加速并与其他氩原子碰撞。这种连锁反应使更多的氩原子电离，形成原子、离子、电子的粒子混合气体，即等离子体。等离子体火炬可达 $6000 \sim 8000K$ 的高温。过滤或消解处理过的样品经进样器中的雾化器雾化并由氩载气带入等离子体火炬中，气化的样品分子在等离子体火炬的高温下被原子化、电离、激发。不同元素的原子在激发或电离时发射出特征光谱，所以等离子体发射光谱可用来定性分析样品中存在的元素。特征光谱的强弱与样品中原子浓度有关，与标准溶液进行比较，即可定量测定样品中各元素的含量。

18.3 实验器材

18.3.1 实验仪器

电感耦合等离子体发射光谱仪（赛默飞 IRIS Intrepid II）主要由 ICP 光源、进样装置、分光装置、检测器和数据处理系统组成。其中 ICP 光源由高频发生器、石英炬管和高频感

应线圈组成；进样装置由蠕动泵、雾化器和雾化室等组成；分光装置由入射狭缝、分光元件、若干光学镜片及出射狭缝组成；检测器现在主要使用光电倍增管和固体成像器件；数据处理系统主要有计算机、数据通信板和仪器控制及数据处理软件组成。仪器构造和样品测试工作示意图如图 18-1 所示。

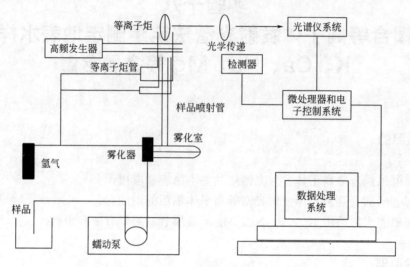

图 18-1　仪器构造和样品测试工作示意图

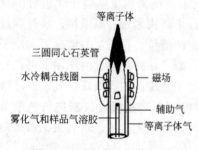

图 18-2　稳定等离子体焰炬

等离子体焰炬：等离子体在宏观上呈电中性，不仅含有中性原子和分子，而且含有大量的电子和离子，是电的良导体。采用频率为 7～50MHz 的高频电源感应加热原理，将气体（Ar、N_2 等）加热、电离，并在管口形成一个火炬状的稳定的等离子体焰炬，如图 18-2 所示。

18.3.2　实验试剂

K、Ca、Na、Mg 混合标液（100mg/L），高纯氩气，纯净水。

18.4　实验内容与步骤

18.4.1　仪器与样品准备

二维码18-1
电感耦合等离子体发射光谱法定量测定地表水样品中K、Ca、Na、Mg等金属含量

① 分别配制浓度为 0mg/L、2mg/L、4mg/L、8mg/L、10mg/L 的 K、Ca、Na、Mg 混合标液；地表水提前消解后过 0.22μm 水系微孔滤膜待测。

② 确认有足够的氩气用于连续工作，打开氩气钢瓶的总开关（开到最大），并调节分压在 0.5～0.7MPa 之间。

③ 打开稳压电源开关，检查电源是否稳定，观察约 1min，打开主机电源，注意仪器自检动作。此时光室开始预热。

④ 打开计算机，待自检完成后，进入操作软件主窗口。

18.4.2　编辑分析方法

① 打开操作软件（TEVA）主窗口的分析模块，选择新建要测试的元素及其谱线。

② 设置重复次数、样品清洗时间、积分时间。

③ 设置清洗泵速和分析泵速、射频（RF）功率、雾化器压力和辅助气流量。清洗泵速和分析泵速一般设定在 $80\sim130r/min$ 之间；射频功率通常设定为 1150 W；雾化器压力根据需要一般设定在 $24\sim32psi(1psi=6.89476\times10^{3}Pa)$ 之间；辅助气流量一般设定为 0.5L/min。

④ 命名并保存分析方法。

18.4.3　点火及谱线校准

① 检查并确认进样系统（炬管、雾化室、雾化器、泵管等）是否正确安装，待光室温度稳定在 $(90\pm0.5)℉[1℉=\frac{9}{5}(1K-273.15)+32]K]$ 后，开启排风，点击"Ignite"，进行点火操作。

② 将样品毛细管放入待测标准溶液中（通常采用浓度为 $1\sim10mg/L$ 的单元素标准溶液），根据谱线波长选择 UV(紫外波长) 或 Vis(可见波长)（切换波长为 238nm），设定曝光时间，点击"Run Full Frame"，得到元素的全谱谱图。

18.4.4　建立标准曲线并分析样品

① 查看选择分析方法，并确认所测元素的谱线都经过校准。

② 点击标准化图标，依次运行标准溶液，完成标准样品的标准化校准。

③ 通过双击样品名称，查看谱峰是否有干扰，某些干扰可通过移动谱峰和背景的位置来消除。

④ 确认谱线可用后，进行样品分析。

18.5　注意事项

① 光谱仪为贵重光学仪器，操作时动作要轻，以防损坏。

② 开机前进行气路检查，确保进样器无堵塞。

③ 定期检查石英炬管和旋流雾化室，如有污染，及时清洗。

18.6　数据处理

K、Ca、Na、Mg 的含量会自动显示，点击"Sample report"按钮可将数据以文档形式导出。

18.7　思考题

① 电感耦合等离子体发射光谱仪的操作原理是什么？

② 电感耦合等离子体发射光谱仪测试前期的准备工作有哪些？

参考文献

[1] 赵亚男，韩瑜，吴江峰.ICP-AES 分析技术的应用研究进展 [J].广东微量元素科学，2010，17（5）：18-24.

[2] 李冰，周剑雄，詹秀春.无机多元素现代仪器分析技术 [J].地质学报，2011，85（11）：1878-1916.

[3] 杨小刚，杜昕，姚亮.ICP-AES 技术应用的研究进展 [J].现代科学仪器，2012，6（3）：139-144.

[4] 余海军，张莉莉，屈志朋，等.微波消解-电感耦合等离子体原子发射光谱（ICP-AES）法同时测定土壤中主次元素 [J].中国无机分析化学，2019，9（1）：34-38.

[5] 阮桂色.电感耦合等离子体原子发射光谱（ICP-AES）技术的应用进展 [J].中国无机分析化学，2011，1（4）：15-18.

实验十九
电感耦合等离子体质谱法测定土壤中镉和铅的含量

19.1 实验目的

① 了解电感耦合等离子体质谱分析的基本原理；
② 掌握电感耦合等离子体质谱定性定量分析方法；
③ 熟悉电感耦合等离子体质谱仪的操作规范。

19.2 实验原理

采用微波消解的方法，彻底破坏土壤的矿物晶格，使试样中的待测元素全部进入试液。采用电感耦合等离子体质谱仪进行检测，根据元素的质谱图或特征离子进行定性，外标法定量。样品由载气带入雾化系统被雾化后，以气溶胶形式进入等离子体的轴向通道，在高温和惰性气体中被充分蒸发、解离、原子化和电离，转化成带电荷的正离子，经离子采集系统进入质谱仪，质谱仪根据离子的质荷比及元素的质量数进行分离以及定性、定量分析。在一定浓度范围内，元素质量数处所对应的信号响应值与其浓度成正比。

19.3 实验器材

19.3.1 实验仪器和设备

电感耦合等离子体质谱仪（ICP-MS）（珀金埃尔默 Elan DRC-e），仪器结构如图 19-1 所示；微波消解仪；分析天平（精度为 0.0001g）；温控加热设备；过滤装置（0.45μm 孔径

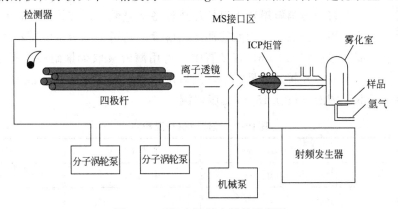

图 19-1　ICP-MS 基本部件示意图

水系微孔滤膜）；容量瓶（25mL）；聚丙烯离心管（50mL）。

19.3.2 实验试剂和材料

① 实验用水：电阻率≥18MΩ·cm，其余指标满足 GB/T 6682 中的一级标准。

② 硝酸：$\rho(HNO_3)=1.42g/mL$，优级纯或优级纯以上，必要时经纯化处理。

③ 盐酸：$\rho(HCl)=1.19g/mL$。

④ 氢氟酸：$\rho(HF)=1.16g/mL$。

⑤ 硝酸溶液：1+99，用硝酸②配制。

⑥ 镉和铅标准储备液：可用光谱纯金属（纯度大于99.99%）或其他标准物质配制成浓度为 1mg/mL 的标准储备液，保存介质为 5%硝酸。也可购买有证标准溶液。

⑦ 混合标准使用溶液：用 2+98 的硝酸稀释元素标准储备液，将元素配制成混合标准使用溶液，浓度为 1mg/L。

⑧ 质谱仪调谐溶液：选用含有 Ba、Be、Ce、Co、In、Mg、Pb、Rh、U 元素的混合溶液为质谱仪调谐溶液，浓度为 $10\mu g/L$。可直接购买有证标准溶液。

⑨ 氩气：纯度不低于 99.99%。

19.4 实验内容与步骤

19.4.1 样品的制备

将采集的土壤样品（一般不少于 500g）混匀后用四分法缩分至约 100g。缩分后的土样经风干后，除去土样中石子或动植物残体等异物，用木棒研压，通过 10 目尼龙筛（除去 2mm 以上的沙砾），混匀。用研钵将通过 2mm 尼龙筛的土样研磨至全部通过 100 目（0.15mm）尼龙筛，混匀后备用。

称取风干、过筛的样品 0.25～0.5g（精确至 0.0001g）置于消解罐中，用少量实验用水①润湿。在防酸通风橱中，依次加入 6mL 硝酸②、3mL 盐酸③、3mL 氢氟酸④，使样品和消解液充分混匀。若有剧烈化学反应，待反应结束后再加盖拧紧。将消解罐转入消解罐支架后放入微波消解装置的炉腔中，确认温度传感器和压力传感器工作正常。按照表 19-1 的升温程序进行微波消解，程序结束后冷却。待罐内温度降至室温后在防酸通风橱中取出消解罐，缓缓泄压放气，打开消解罐盖。

二维码19-1
电感耦合等离子体质谱法测定土壤中镉和铅的含量——样品前处理

将微波消解罐置于温控加热设备上赶酸，待液体成黏稠状时，取下稍冷，用滴管取少量硝酸⑤冲洗消解罐，利用余温溶解附着在消解罐上的残渣，之后转入 25mL 容量瓶中，再用滴管吸取少量硝酸⑤重复上述步骤，洗涤液一并转入容量瓶中，然后用硝酸⑤定容至标线，混匀，静置 60min 取上清液，过 $0.45\mu m$ 滤膜待测。

表 19-1 微波消解升温程序

消解温度/℃	保持时间/min	消解温度/℃	保持时间/min
150	10	200	25
180	5		

19.4.2　仪器的参考工作条件

该型号仪器的最佳工作条件、标准模式/反应池模式等按照仪器说明书进行操作。

19.4.3　仪器调谐

点燃等离子体后，仪器需预热稳定 10min。首先使用质谱仪调谐溶液对仪器的灵敏度、氧化物和双电荷进行调谐，在仪器的灵敏度、氧化物和双电荷满足要求的条件下，调谐溶液中所含元素信号强度的相对标准偏差≤5%。

19.4.4　校准曲线的绘制

依次配制一系列待测元素标准溶液，可根据测量需要调整校准曲线的浓度范围。在容量瓶中取一定体积的标准使用液⑧，使用硝酸溶液⑤配制浓度分别为 $0\mu g/L$、$1.0\mu g/L$、$5.0\mu g/L$、$10.0\mu g/L$、$20.0\mu g/L$ 的标准系列溶液。用 ICP-MS 测定标准溶液，以标准溶液浓度为横坐标，以样品信号为纵坐标建立校准曲线。用线性回归分析方法求得其斜率，用于样品含量计算。

19.4.5　样品测定

二维码19-2
电感耦合等离子体质谱法测定土壤中镉和铅的含量——样品测试

每个试样测定前，先用硝酸溶液⑤冲洗系统直至信号降到最低，待分析信号稳定后才可开始测定。若样品中待测元素浓度超出校准曲线范围，需用硝酸溶液⑤稀释后重新测定，稀释倍数为 f。实验室空白试样与样品在相同的实验条件下测定。

19.4.6　方法检出限和定量限

在仪器的最佳工作条件下，按照《环境监测分析方法标准制订技术导则》（HJ 168—2020）中附录 A.1.1 分析方法要求，对按照 19.4.1 中的实验方法制得的空白试样连续测定 21 次，计算标准偏差 s，根据 $MDL = t_{(n-1,0.99)} \times s$ 计算方法检出限（MDL），以 4 倍检出限作为定量限。当测定次数为 21 次时，$t_{(n-1,0.99)} = 2.528$。

19.5　注意事项

① 实验所用玻璃器皿，在使用前需要用硝酸溶液（5+95）浸泡至少 12h，用去离子水冲洗干净后方可使用。

② 在连续分析浓度差异较大的样品或标准品时，样品中的一些元素（如硼等）易沉积并滞留在真空界面、喷雾腔或雾化器上，会导致记忆干扰，可通过延长两个样品之间的洗涤时间避免这类干扰的发生。

③ 校准曲线：每次分析样品均应绘制校准曲线。通常情况下，校准曲线的相关系数应达到 0.99 以上。

④ 空白：每批样品应至少做一个全程序空白及实验室空白。

19.6　数据处理

样品中元素含量按照式(19-1)进行计算。

$$c = (c_1 - c_2) \times f \tag{19-1}$$

式中　c——样品中元素的质量浓度，$\mu g/L$；

　　　c_1——稀释后样品中元素的质量浓度，$\mu g/L$；

　　　c_2——稀释后实验室空白样品中元素的质量浓度，$\mu g/L$；

　　　f——稀释倍数。

19.7　思考题

① ICP-MS 定性和定量分析的基本原理是什么？

② ICP-MS 定量的方法有哪些？各有什么优缺点？

③ 目前用于元素定量分析的技术主要有火焰原子吸收、石墨炉原子吸收、电感耦合等离子体发射光谱和电感耦合等离子体质谱，如何在实验中选择合适的定量分析技术？

参考文献

[1]　HJ 832—2017.土壤和沉积物　金属元素总量的消解　微波消解法［S］.

[2]　GB/T 17141—1997.土壤质量　铅、镉的测定　石墨炉原子吸收分光光度法［S］.

[3]　HJ 168—2020.环境监测分析方法标准制订技术导则［S］.

[4]　崔海洋.电热消解-电感耦合等离子体质谱（ICP-MS）法测定土壤中镱铪钽钨四种高能稀土元素［J］.中国无机分析化学，2020，10（3）：39-42.

实验二十
地表水中总有机碳的测定

20.1　实验目的

① 了解总有机碳测定的原理及方法；
② 了解总有机碳分析仪组成及结构；
③ 掌握总有机碳分析仪测试方法和步骤。

20.2　实验原理

总有机碳（TOC）是评价水体中有机物污染程度的一项重要参考指标，其测定原理是把不同形式的有机碳通过氧化转化为易定量测定的二氧化碳（CO_2），利用 CO_2 与 TOC 之间碳含量的对应关系，从而对样品中 TOC 进行定量测定。化学方程式为：

$$R—C+O_2 \longrightarrow CO_2 + H_2O + 其他物质 \tag{20-1}$$

测定 TOC 时使用的氧化有机污染物的方法分为干法氧化法和湿法氧化法两类。干法氧化法即高温催化燃烧氧化法，湿法氧化法主要是 UV-过硫酸盐氧化法。CO_2 检测器主要有非色散红外检测器（NDIR）、电导检测器等。TOC 测定方法又分为直接测定法［离子色谱（IC）预处理法］和间接测定法（差减法）。

本实验采用的氧化方法是高温催化燃烧氧化法，在催化剂的作用下高温燃烧样品中的有机物，使其转化为 CO_2。这种方法氧化能力强，能够将热稳定的有机物完全氧化。

本实验采用的检测器为非色散红外检测器。非色散红外检测器用一个广谱的光源作为红外传感器的光源，因为不对光源进行分光，故称非色散红外。光线穿过光路中的被测气体，透过窄带滤波片，到达红外传感器。通过测量进入红外传感器的红外光的强度判断被测气体的浓度。根据朗伯-比尔定律，特定波长红外光的光强和气体浓度间满足公式 $I = I_0 e^{-kbc}$，式中，I_0 为特定波长入射时的红外光强度，I 为特定波长吸收后的红外光强度，c 为待测气体浓度，b 为通过的光程，k 为气体的吸光系数。

本实验采用的是间接测定法，具体为将等量水样分别注入高温炉（800℃）和无机碳反应器。高温炉水样中的有机碳和无机碳在催化剂（氧化铈）的作用下均转化为 CO_2；而TIC 反应器，能使无机碳酸盐和磷酸反应生成 CO_2，有机物却不能被分解氧化。将二者生成的 CO_2 依次导入非色散红外气体分析仪，分别测得总碳（TC）和无机碳（IC），二者之差即为总有机碳（TOC）。

20.3 实验器材

20.3.1 实验仪器

总有机碳分析仪（品牌和型号：德国耶拿 multi N/C 3100），由无机碳反应器、高温消解炉和高灵敏度非色散红外检测器（NDIR）等组成。总有机碳分析仪工作示意如图 20-1 所示。

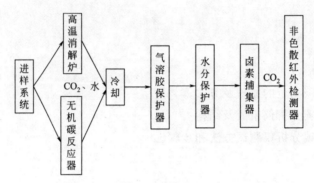

图 20-1 总有机碳分析仪工作示意图

20.3.2 实验试剂

氧化铈催化剂、10％的磷酸、高纯氧气、超纯水。

20.3.3 实验材料

250mL 烧杯 1 个，1mL 注射器 1 个，0.45μm 的滤膜若干，洗瓶 1 个，40mL 进样瓶 6 个；采集的地表水若干。

20.4 实验内容与步骤

20.4.1 液体样品保存、前处理

二维码20-1
总有机碳分析仪
液体样品测试

① 水样采集后，必须贮存于棕色玻璃瓶中。常温下水样可保存 24h，如不能及时分析，可加硫酸将其 pH 调至≤2，于 4℃冷藏，可保存 7 天。

② 如果地表水中有肉眼可见的颗粒物，则样品前处理时需要过 0.45μm 的滤膜；如果没有，可直接上机测试。此外，样品体积需在 10mL 以上。

20.4.2 测试

① 按总有机碳分析仪说明书，打开氧气瓶总阀，调整氧气减压阀的分压阀至 0.2～0.4MPa。

② 开启总有机碳分析仪主机及自动进样器，打开计算机。

③ 待主机指示灯变绿后，双击软件图标，打开软件，按操作说明进行仪器初始化。

④ 待仪器初始化后，点击下拉菜单启动测量，输入样品名称及样品表名称，将处理后

的样品放到自动进样器上，开始测量地表水的无机碳（IC）和总碳（TC）含量。

⑤ 样品测试完成后清洗仪器管路。

20.4.3　关机

测量完毕，退出软件，关闭主机电源，关闭自动进样器电源，关闭计算机电源，将氧气瓶总阀关闭，松开氧气瓶分压阀。

20.5　注意事项

① 超纯水须每日更换，磷酸须每月更换。

② 仪器一定不能使用易燃的液体或者会形成爆炸的组分，也不能用于分析高浓度的酸。

③ 每次测试完毕后，应进几针空白液，用来清洗管路，以防管路污染。

20.6　数据处理

所测样品总碳与无机碳之差值为样品总有机碳浓度，即 $TOC = TC - IC$。

20.7　思考题

① TOC 指标有何优越性？

② 什么样的样品不适用总有机碳分析仪测量？

参考文献

[1] 魏福祥.现代仪器分析技术及应用［M］.北京：中国石化出版社，2011.

[2] 任丽君，马斌，刘国宏，等.气体非色散红外传感器研究进展［J］.分析测试学报，2020，39（7）：922-928.

实验二十一
元素分析仪定量分析植物样品中碳、氢、氮元素含量

21.1 实验目的

① 了解元素分析仪的基本原理、仪器结构和主要应用；
② 掌握元素分析仪的样品要求和制样操作；
③ 掌握元素分析仪的测试方法和步骤。

21.2 实验原理

自然界中组成有机化合物的元素主要有碳、氢、氧、氮等。有机元素分析技术的出现是为了更快、更精准地确定样品中有机元素的含量。常见的测定原理为燃烧分解原理，即将样品中的有机元素通过高温充分燃烧后转化为 CO_2、H_2O 等气体，而后采用一定的手段对混合气体进行分离，最终采用物理化学分析方法对产物进行定量测定。

样品的燃烧分解：采用锡制容器（锡舟、锡囊、锡筒）将待测样品进行包裹并精确称量，随后通过进样器进入装有氧化还原填料的燃烧反应管中，在氧气的作用下瞬间燃烧。在管中氧化剂的作用下，待测样品中碳、氢、氮元素被转化为 CO_2、H_2O 和 N 的氧化物 N_xO_y，随后管内还原铜将 N_xO_y 完全转换为 N_2 并除去过量的氧气，即得到干净的 CO_2、H_2O 和 N_2。

气相色谱-热导法：基于热导检测的气相色谱法由燃烧部分与气相色谱组成。样品经过燃烧与催化反应后的混合气体由载气带入气相色谱，由气相色谱柱对其进行分离，分离后各组分依次通过热导检测器，产生的信号采集形成色谱峰，由色谱工作站求出各峰积分面积，结合已知碳、氢、氮含量的标准物质的测量结果求出各元素的换算因子，即可得出未知样品中各元素的含量。气相色谱-热导法常用的样品量只有几百微克，具有快速、灵敏和易于自动化的优点。

21.3 实验器材

21.3.1 实验仪器

（1）全自动元素分析仪（Leeman EA3000）

典型的气相色谱-热导型元素分析仪由燃烧反应室、填装催化氧化剂的反应管、炉温箱与气相色谱柱、热导检测器（TCD）组成。仪器的组成与管路示意图如图 21-1 所示。

样品由自动进样器进入反应室前，先落入吹扫腔，被连续的纯氦气吹扫，排走所有的痕

90

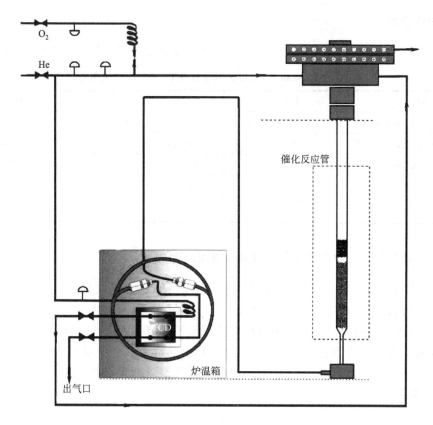

图 21-1　Leeman EA3000 气相色谱-热导型元素分析仪结构示意图

量空气。样品随后进入催化反应管，各元素被转化成 CO_2、H_2O 和 N_2，氦气作为载气带着这些产物通过气相色谱柱进行分离，之后进入热导检测器。通过对热导检测器的信号采集，可以得到标准品与待测样品中每种元素的色谱峰。

（2）其他仪器

Sartorius 百万分之一微量分析天平（最小精度 0.001mg）。

21.3.2　实验材料

锡囊，乙酰苯胺（acetanilide）标准品，镊子与样品勺，高纯氧气与氦气。

21.4　实验内容与步骤

21.4.1　开机与泄漏测试

① 开机前首先检查催化反应管是否固定好。随后开氧气、氦气的总阀门，调节减压阀使得钢瓶的输出压力为 0.4MPa。打开计算机和仪器电源。打开仪器软件并与仪器联机。

② 使用仪器的泄漏测试功能进行室温下的泄漏测试，如气密性完好则可以继续实验。

二维码21-1
元素分析仪定量
分析植物样品中
碳氢氮元素含量

21.4.2 条件设置

检查完毕后打开预设的 C、H、N 的测试方法，发送给仪器，测试条件见表 21-1。

表 21-1 Leeman EA3000 元素分析仪 C、H、N 测试条件

项目	数值	项目	数值
载气压力（Carrier）	110kPa	延迟时间（Sample Delay）	5s
吹扫气流量（Purge）	80mL/min	运行时间（Run Time）	320s
氧气用量（Oxygen）	15mL	燃烧炉温（Front Furnace）	980℃
氧气压力（Δp_{O_2}）	35kPa	色谱柱炉温（GC Oven）	100℃
氧化时间（Oxidation Time）	6.6s		

21.4.3 准备吹扫样品、空白样品、标准品与待测品

① 准备吹扫样品：用两个锡囊装入少许标准品，密闭后作为吹扫样品。

② 准备空白样品：将空锡囊直接密闭包好作为空白样品。

③ 准备标准品与待测品：将空锡囊放在精密天平上清零后，使用样品勺分别加入标准品与待测样品，包好后准确称重并记录。其中，标准品准备五个质量梯度，从 0.5～3.0mg 均匀分布，待测样品加入 0.5～3.0mg，每个待测样品准备两个平行样品。将上述样品依次放入自动进样器中。

21.4.4 测量

① 新建样品表，首先编辑两个吹扫样品与两个以上空白样品，样品类型分别为"Byp"与"Blk"，待达到测试条件后开始序列，运行两个吹扫样品后运行空白样品，直至 TCD 信号降到 8000 以下。

② 标准品测量：选择样品类型为"Std"，在自动显示的标准品库中选择所用标准品并载入，输入质量，开始测试。测量完成后，检查标准曲线线性回归情况，要求相关系数 $R \geqslant 0.999$。

③ 待测样品质量：载入刚做好的标准曲线，输入样品名称，选择样品类型为"Smp"，准确输入质量，开始测量。

21.4.5 关机

测量结束后，首先关闭热导检测器，并调用关机方法对仪器各部件降温，待燃烧炉温降到 400℃ 以下，可退出工作站，关闭计算机、仪器与气体。

21.5 注意事项

① 锡囊要包紧，防止漏出样品，形成一个大小合适的"球"，以保证不堵塞自动进样器，确保样品均匀燃烧。

② 样品放入自动进样盘时，第一个样品放入吹扫腔后一个位置。

③ 测样结束后，首先关闭热导检测器。

21.6　数据处理

首先，根据标准品的测定，计算各个元素的校正系数 K 与常量 b：

$$K = \frac{x_s W_s - b}{A_s}$$

(21-1)

式中　x_s——标准品中某元素的质量分数；

　　　W_s——标准品的质量；

　　　A_s——标准品中某元素的积分面积。

然后，根据标准品所计算出的各组分含量和色谱峰面积之间的关系系数即校正系数 K 与常量 b，分别计算出待测样品中各组分的含量。

$$x_u = \frac{K A_u + b}{W_u}$$

(21-2)

式中　x_u——待测样品中某元素的质量分数；

　　　W_u——待测样品的质量；

　　　A_u——待测样品中某元素的积分面积。

21.7　思考题

① 为什么测试前要对系统做泄漏测试？

② 如何选择标准品？

③ 催化反应管中的还原铜具有什么作用？

参考文献

［1］ 毕思文，耿杰哲.地球系统科学［M］.武汉：中国地质大学出版社，2009.

［2］ 王约伯，高敏.有机元素微量定量分析［M］.北京：化学工业出版社，2013.

实验二十二
自动电位滴定法测定腐殖酸中总酸性基的含量

22.1　实验目的

① 了解电位滴定法的基本原理；

② 掌握自动电位滴定仪的使用方法和数据处理方法。

22.2　实验原理

电位滴定法（potentiometric titration）是在滴定过程中通过测量电位变化以确定滴定终点的方法，其准确度优于直接电位法。使用不同的指示电极，电位滴定法可以进行酸碱滴定、氧化还原滴定、络合滴定（配位滴定）和沉淀滴定。进行电位滴定时，被测溶液中插入一个参比电极、一个指示电极组成工作电池。在滴定过程中，随着滴定剂的持续加入，电极电位 E 不断发生变化，电极电位发生突跃时刻，即为滴定终点。自动电位滴定仪是根据电位滴定法原理设计的用于容量分析的一种常见分析仪器，达到终点预设值后，滴定自动停止。

腐殖酸（humic acid，HA）又称胡敏酸，一般形成于天然植物腐解过程，属于大分子有机弱酸，结构复杂，广泛存在于泥炭、风化煤、某些海洋沉积物中。由于腐殖酸是弱酸性物质，用传统的总酸性测定法操作复杂，不易控制，而自动电位滴定法具有科学可靠、操作方便、结果重现性好的优势，是目前测定腐殖酸总酸性应用最广泛的方法。

实验通过过量的 $Ba(OH)_2$ 溶液与腐殖酸样品中酸性官能团发生反应，反应后剩余的 $Ba(OH)_2$ 用过量的 HCl 溶液中和，然后以 NaOH 标准溶液回滴过量的 HCl，控制 pH 值为 8.5 时为反应终点。反应方程式为：

$$2R—OH + Ba(OH)_2 === (R—O)_2Ba\downarrow + 2H_2O$$
$$2R—COOH + Ba(OH)_2 === (R—COO)_2Ba\downarrow + 2H_2O$$
$$Ba(OH)_2(剩余) + 2HCl === BaCl_2 + 2H_2O$$
$$HCl(剩余) + NaOH === NaCl + H_2O$$

22.3　实验器材

22.3.1　实验仪器

ZDJ-4B 自动电位滴定仪、pH 复合电极（pH 玻璃电极和参比电极）。

94

22.3.2　实验试剂

0.2mol/L 氢氧化钠标准溶液：称取 8.0g 氢氧化钠（分析纯）溶于 1000mL 蒸馏水中，用邻苯二甲酸氢钾标定，以酚酞为指示剂。

0.2mol/L 盐酸标准溶液：取相对密度为 1.19 的浓盐酸（分析纯）16.7mL 用蒸馏水稀释至 1000mL 摇匀，无须标定。

0.1mol/L 氢氧化钡溶液：称取氢氧化钡（分析纯）17.13g 于烧杯中，用 1000mL 新煮沸的不含二氧化碳的蒸馏水溶解。

pH 值为 4 和 6.86 的标准缓冲溶液。

22.4　实验内容与步骤

22.4.1　仪器电极标定

① 仪器开机后预热 10min，准备好 pH 值为 4 和 6.86 的两种标准缓冲溶液，将 pH 复合电极用纯水冲洗干净并用滤纸轻轻擦干，插入 pH 值为 4 的缓冲溶液中。

② 在仪器的起始状态下，按"标定"键，然后按"确认"键，显示的 pH 值读数趋于稳定后，按"确认"键。

③ 将电极取出，重新用纯水清洗干净，再用滤纸轻轻擦干。放入 pH 值为 6.86 的标准缓冲溶液中，显示的 pH 值读数趋于稳定后，按"确认"键，显示"标定结束"字样，说明已经完成标定。

22.4.2　样品准备

称取 0.1g（精确至 0.0001g）腐殖酸样品迅速放入仪器配套的三角瓶中，准确加入 20mL 氢氧化钡溶液（0.1mol/L），轻轻地摇动三角瓶使样品被溶液完全润湿，放上封口膜，室温静置 24h，然后将瓶中溶液迅速抽气过滤到预先准确加有 20mL 盐酸溶液（0.2mol/L）的抽滤瓶中，用无 CO_2 蒸馏水充分洗涤残渣和三角瓶，滤液和洗涤液合并至仪器配套的滴定杯中，放入搅拌磁子搅拌。

22.4.3　样品滴定

① 用 0.2mol/L 氢氧化钠溶液清洗滴定管 6 次。

② 用纯水清洗电极，再用滤纸轻轻擦干。将电极放入滴定杯的溶液中，按"滴定"键，选择"手动滴定"，滴定类型选择"pH 滴定"，终点参数为"第一终点"，终点突跃选择"中"，突跃量为"100.0mV/mL"，预加体积选择"6mL"，结束体积选择"40mL"，最小添加为"0.050mL"，滴定剂浓度为"0.2mol/L"，样品体积为"40mL"，搅拌速度为"40r/min"。按"确认"键滴定至 pH 值为 8.5 左右，记录滴定体积，按"终止"键结束滴定。

22.4.4　空白滴定

① 在滴定杯中加入 20mL 0.1mol/L 氢氧化钡溶液，再加入 20mL 0.2mol/L 盐酸，加入磁子搅拌。

② 其他步骤同 22.4.3 中步骤②。

③ 滴定完成后，用纯水清洗滴定管 6 次。

22.5 数据处理

测试结果填入表 22-1。

表 22-1　自动电位滴定法结果数据记录

序号	c/(mol/L)	V_0/mL	V/mL	X/(mg/g)	X 均值/(mg/g)
1					
2					
3					

计算公式：

$$总酸性基含量\ X(mg/g)=c\times(V-V_0)/m \qquad (22\text{-}1)$$

式中　c——氢氧化钠溶液的浓度；

　　　V_0——空白消耗滴定酸的体积；

　　　V——样品消耗滴定酸的体积；

　　　m——样品的称量质量。

22.6 注意事项

① 自动电位滴定仪必须具备稳定的电流。

② 测量时，电极的引入导线应保持静止，否则会引起测量不稳定。

③ 应避免电极长期浸在蒸馏水、蛋白质溶液和酸性氟化物溶液中。取下电极套后，应避免电极的敏感玻璃泡与硬物接触，任何碰撞或摩擦都将使电极失效。

④ 滴定前先用滴定液冲洗橡皮管数次。

⑤ 到达终点后，不可以按"滴定开始"按钮，否则自动电位滴定仪又将开始滴定。

22.7 思考题

① 空气中的二氧化碳会对测定产生什么影响？怎样避免？

② 实验中还有哪些误差？

实验二十三
介孔固体样品比表面积定量分析

23.1 实验目的

① 了解比表面积测定的基本原理；
② 掌握多站扩展式快速比表面积分析仪的基本操作方法；
③ 掌握比表面积和孔径分析等报告的查看方法。

23.2 实验原理

比表面积指的是单位质量固体物质所具有的表面积。固体物质比表面积和孔径分布与其吸附、催化等性质关系密切，因此比表面积和孔径分布的测定是分析固体物理性质的重要方式之一。通常采用吸附法对比表面积进行测定。固体在与气体接触时，气体分子会不断碰撞固体表面，其中有些气体分子会立刻回弹到气相，有些则可以在固体表面滞留一段时间，气体分子在固体表面的这种滞留现象称为吸附。使用吸附法测定比表面积的计算依据是：在不同相对压力下测定吸附量可得出吸附等温线，求出吸附剂表面被吸附质覆盖满单分子层时的吸附量，即单分子层饱和吸附量，然后再根据每个吸附质分子在吸附剂表面所占有的面积及吸附剂量，即可计算出物质的比表面积。

目前，测定固体比表面积的既准确又普遍的方法是在液氮温度下测定氮的吸附量。其中，根据 BET 方程计算比表面积是应用最广泛的方法。BET 方程是 Brunauer、Emett 和 Teller 在 1938 年提出的，该理论将 Langmuir 单分子层吸附理论扩展到多分子层吸附，从经典统计学理论导出了多分子层吸附公式，适用于化学性质均匀的固体的比表面积计算。

其基本假设是：吸附剂表面是均匀的，自由表面对所有分子的吸附机会相等，分子的吸附、脱附不受其他分子存在的影响；吸附可以是多层的，不一定第一层吸附饱和后才开始多层吸附；吸附在最上层的分子与吸附质气体处于动力学平衡之中。基于这些假设和动力学概念，导出恒温条件下吸附质的量与相对压力之间的关系：

$$\frac{p}{V(p_0-p)}=\frac{1}{V_mC}+\frac{(C-1)(p/p_0)}{V_mC} \tag{23-1}$$

式中　V——平衡吸附量，即吸附质压力为 p 时，每克吸附剂所吸附的吸附质的量；

　　V_m——单分子层吸附容积（饱和吸附量）；

　　p——吸附质压力；

　　p_0——在吸附条件下，吸附质的饱和蒸气压；

　　C——与温度、吸附热、液化热有关的常数。

由上式可知，可以在特定温度下，通过测定一系列 p/p_0 下的吸附来拟合得出吸附剂的比表面积。测量时，常采用低温惰性气体作为吸附质，当第一层吸附热远远大于被吸附气体的凝结热时，即 $C \gg 1$ 时，上式可以近似简化为

$$\frac{V}{V_m} \approx \frac{1}{1-p/p_0} \tag{23-2}$$

这时只要测定一个平衡压力下的吸附量，就可以求出饱和吸附量 V_m。实验表明，BET公式只适用于 $p/p_0 = 0.05 \sim 0.35$ 的范围；压力较低，无法建立多分子层物理吸附，压力过高则易发生毛细凝聚。

23.3 实验器材

23.3.1 实验仪器

多站扩展式快速比表面积分析仪（Micromeritics ASAP2460）、脱气机、样品管、分析天平。

23.3.2 实验试剂

标准品、液氮、高纯氦气、高纯氮气。

23.4 实验内容与步骤

23.4.1 样品脱气处理

二维码23-1
介孔固体样品比
表面积定量分析

由于样品在室温下对一些物质有较强的物理吸附能力，因此在测定其比表面积前必须先在一定温度下进行脱气操作，使样品表面净化。准确称量空样品管质量并记录为 m_0，粗略称量 0.1g 干燥后的样品装入样品管中；将样品管装入脱气机，旋转开关至"Vac"挡，并旋开旋钮，使样品管与泵联通，开始抽真空，调整所需温度，观察真空计指针是否不断下降，至 200mTorr（1Torr=133.3224Pa）以下。

23.4.2 测试

① 将脱气处理好的样品转移到"Cool"位，待冷却后把开关旋至"Gas"挡，把旋钮开到最大，注气约10s后把开关旋转至"Off"挡，取下样品管，称重并记录为 m_1，$m_1 - m_0$ 则为样品质量。

② 将样品管装上过滤塞和保温夹套，装入仪器测试口，调整 p_0 管位置并拧紧，小心向杜瓦瓶中装入适量的液氮。

③ 打开分子泵后开机，打开氦气与氮气阀门，打开软件，联机后，新建样品文件，调用合适的测定方法，输入样品质量并保存，随后开始测量。

23.5 注意事项

① 液氮温度为 $-195℃$，在使用过程中必须格外小心，注意防护，避免冻伤。

② 安装样品管时注意拧紧密封螺钉和 P_0 管，防止漏气。可在测试开始后，观察真空泵转速是否能回到 100％，并从软件中点击相关界面，若真空度能迅速（约 10min）下降到 $10\mu m$ Hg 以下，说明样品管安装没有问题。

23.6　数据处理

① 使用软件自带模型自动拟合吸脱附数据：在软件中打开报告，逐个查看报告内容，包含 BET 值，孔径分布，吸脱附曲线形状、闭合情况、拟合参数等。

② 如自动拟合中有不合适的结果，对数据进行手动处理。在软件中手动调整数据点选取、模型参数等信息，直到得到合适的拟合结果。

23.7　思考题

① 为什么要对样品进行脱气处理？
② 为什么可根据物理吸附现象测定比表面积？

参考文献

[1]　金彦任，黄振兴.吸附与孔径分布［M］.北京：国防工业出版社，2015.
[2]　金丽萍，邬时清.物理化学实验［M］.上海：华东理工大学出版社，2016.

实验二十四
基于原位红外光谱法的选择性催化还原过程研究

24.1 实验目的

① 掌握红外光谱分析法的基本原理和应用；
② 了解红外光谱仪和原位反应池的结构；
③ 掌握原位漫反射的测试方法和步骤。

24.2 实验原理

红外光谱作为"四大波谱"之一，主要用于研究在振动中伴随有偶极矩变化的分子。除了单原子和同核分子如 Ne、He、O_2、H_2 等之外，几乎所有的有机化合物在红外光谱区均有吸收。红外吸收带的波长位置与吸收谱带的强度反映了分子结构上的特点，可用于鉴定未知物质结构或确定其所具有的基团；吸收谱带的强度与分子组成或基团含量有关，可用于定量分析或纯度鉴定。

红外光谱具有高特征性的特点，除光学异构体外，对各种化合物、表面吸附物种、中间体等均有特定的谱峰，结合原位技术，能够提供反应中吸附状态、中间产物、结合方式等的详细信息，从而成为研究表面吸附、反应过程和反应机理的有效手段，尤其在催化反应的研究中得到广泛应用。

氮氧化物（NO_x）是一类严重威胁环境和人类健康的污染物，目前通过选择性催化还原技术（selective catalytic reduction，SCR）对气体中 NO_x 进行去除是国际上公认最有效的方法。该方法利用 NH_3 作为还原剂，在催化剂的作用下，将 NO_x 选择性地还原为 N_2 和 H_2O，其主要化学反应式如下：

$$4NH_3 + 4NO + O_2 \longrightarrow 4N_2 + 6H_2O \tag{24-1}$$

$$8NH_3 + 6NO_2 \longrightarrow 7N_2 + 12H_2O \tag{24-2}$$

为了解 NH_3-SCR 反应的机制，本实验选取钒钨钛催化剂，在通入反应气后的不同时间或不同温度下采集相应的红外光谱谱图，依据出现的中间物种推断催化还原机制。

24.3 实验器材

24.3.1 实验仪器

① 红外光谱仪，仪器结构示意如图 24-1 所示。

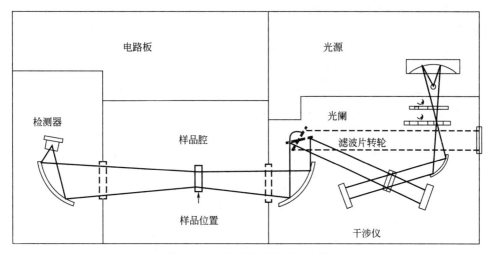

图 24-1　红外光谱仪结构示意图

仪器主要由光源、光阑、干涉仪和高灵敏度汞镉碲（MCT）检测器组成。

光源：红外光谱的光源为连续光源，目前主要使用硅碳棒和能斯特灯，这两种光源都可以覆盖整个中红外区域。

光阑：光阑的作用是调节光的通量。需要较高的灵敏度时［如测试样品的颜色较深，或进行衰减全反射（ATR）、漫反射红外光谱（DRIFT）测试］，可加大光阑孔径，增大光通量；如测试要求较高的分辨率，则需要把光阑孔径调小，获得更高分辨率的光谱。

干涉仪：干涉仪是红外光谱仪中最核心的部分，其性能决定了一台红外光谱仪的最高分辨率。干涉仪由动镜、定镜和分束器三个部分组成。分束器一般由 KBr 基质镀膜制成，理想的分束器不吸收光，而把光线分成相等的两束，其中 50% 的光透过分束器射向动镜，另外 50% 的光则在分束器表面反射，射向定镜。射向动镜和定镜的光束再反射回来，重新组成一束干涉光到达检测器。经过干涉仪后的光强一般用如下的积分形式来表示：

$$I_{(\delta)} = \int_{-\infty}^{+\infty} B_{(\upsilon)} \cos(2\pi\upsilon\delta)\,\mathrm{d}\upsilon \tag{24-3}$$

式中　$I_{(\delta)}$——光强；

　　　δ——光程差；

　　　υ——波数；

　　　$B_{(\upsilon)}$——常数。

使用迈克尔逊干涉仪进行分光的傅里叶变换红外光谱仪消除了对光谱能量的限制，使光源能量的利用率大大提高，因此可以实现速度快、高通量、高信噪比、高分辨率的测试。

检测器：原位反应的测试需要捕捉谱图微弱的变化，因此需要使用高灵敏度的 MCT 检测器，该检测器响应速度快，灵敏度高［比传统的氘代硫酸三甘肽（DTGS）检测器高几十倍］，但需要在液氮温度下工作。

He-Ne 激光：红外光谱仪中还有一个 He-Ne 激光器，其主要有两个作用。一是控制数据的采集。理论上，在干涉仪动镜移动的过程中，应采集无限多个数据以得到一张完整的红外光谱图，显然，这是不可能实现的。实际测试中，只能在一定的长度范围内，等距离（即等光程差）地采集数据，并进行逆傅里叶变换，再由这些点组成光谱图。在动镜移动过程中，He-Ne 激光束和红外光束一起通过分束器，由于 He-Ne 激光谱带很窄，有非常好的相干性，能得到一个不断延伸的余弦波，波长为 632.9nm；在中红外范围，依靠这个余弦信号来触发数据采集，即数据点的光程差为 632.9nm。红外光谱仪的光路系统非常精密，需要时刻进行校正和调整，He-Ne 激光器的另一个作用是在校正中起参比作用。

②气体控制系统。气体控制系统如图 24-2 所示。N_2、O_2、2% NO 和 1% NH_3 四路气体分别配置控制阀和质量流量计，以精确控制气体流量和配比。气体经混合罐混合后由底部进入原位漫反射池，所有管路均为不锈钢材质。

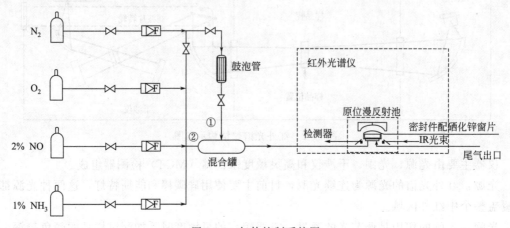

图 24-2　气体控制系统图

③原位漫反射池。使用硒化锌窗片进行密封。

24.3.2　实验试剂

钒钨钛催化剂、液氮、高纯 N_2、1% NH_3（平衡气为 N_2）、2% NO（平衡气为 N_2）、高纯 O_2。

24.4　实验内容与步骤

24.4.1　仪器与样品准备

①向红外光谱仪检测器冷阱内缓慢加入足量液氮。

②将钒钨钛催化剂粉末研磨至粒径 $2.5\mu m$ 以下，然后装填入预先装好铜网的原位漫反射池内，并确保样品表面平整，盖好窗片（硒化锌）。连接冷却水和热电偶。

③设置扫描范围 $650\sim4000 cm^{-1}$，扫描次数 32 次，光阑孔径调节至最大，分辨率 $4cm^{-1}$，检查光学台能量。

④将气体流路切至图 24-2 中②号线位置，以 $100mL/min$ 流速向样品池中通入 N_2，待气流稳定后，将样品池加热至 350℃，预处理 1h，以去除样品中的杂质和环境中的水气干扰。

二维码24-1
基于原位红外光谱法的选择性催化还原过程研究——样品装填与仪器设置

24.4.2　背景谱图采集

保持 $100mL/min$ N_2 流速，采集 350℃下背景谱图。采集完成后将样品池温度降至

300℃，待稳定后采集 300℃ 下背景谱图。然后按同样方法采集 50℃、100℃、150℃、200℃、250℃ 下背景谱图并分别保存。

24.4.3　NO、O_2 吸附实验

二维码24-2
基于原位红外光谱法
的选择性催化还原
过程研究——样品谱图
采集

背景谱图采集完成后，打开 2% NO 和 O_2 控制阀，调节流速均为 5mL/min，N_2 流速调整为 90mL/min，样品池温度分别设定为 50℃、100℃、150℃、200℃、250℃、300℃、350℃，每个温度下稳定 10～15min 后，先调用对应的背景谱图，再采集吸附谱图。

24.4.4　NH_3 吸附实验

在背景谱图采集完成后，调节 1% NH_3 流速为 10mL/min，N_2 流速调整为 90mL/min，同 24.4.3 中方法，采集相应温度下的 NH_3 吸附谱图。

24.4.5　瞬态反应实验

瞬态反应实验包含分别在 100℃ 和 350℃ 下进行的以下 2 组实验：

① 在指定温度下采集背景谱图后，通入流速为 10mL/min 的 1% NH_3，N_2 流速为 90mL/min。吸附 30min 后，关闭 NH_3，用 100mL/min 的 N_2 吹扫 20min，以去除表面残余的 NH_3，采集光谱图。再分别以 5mL/min 的流速通入 2% NO 和 O_2，N_2 流速为 90mL/min。在通入 0min、1min、2min、3min、5min、8min、15min、30min 后采集光谱图。

② 在指定温度下采集背景谱图后，以 5mL/min 的流速同时通入 2% NO 和 O_2，N_2 流速为 90mL/min。吸附 30min 后，关闭 2% NO 和 O_2，用 100mL/min 的 N_2 吹扫 30min，然后采集光谱图。再通入流速为 10mL/min 的 1% NH_3，N_2 流速为 90mL/min。在通入 0min、1min、2min、3min、5min、8min、15min、30min 后采集光谱图。

24.4.6　样品池冷却

谱图采集结束后，重新通入 100mL/min N_2，并将样品池温度设置为室温，待降温完成后，关闭循环冷却水和加热装置电源。

24.5　注意事项

① NO 和 NH_3 具有一定毒性，通气前应先对系统进行检漏。
② 通气时可尝试逐步提升气体流量至设定值，防止催化剂粉末被吹飞。
③ 温度对红外光谱的信号有一定影响，谱图采集之前需要调用对应温度下采集的背景谱图。

24.6　数据处理

① 标记出变化显著的吸收峰位置；
② 根据获得的谱图，判断吸附物种；
③ 根据吸收峰强度和位置的变化推断反应机制。

24.7 思考题

① 为什么测试前要进行加热和吹扫？是否有其他替代方法？

② 当样品颜色过深，信号较差时，可使用哪些方法改善响应？如使用溴化钾进行稀释，可能带来什么问题？

参考文献

[1] 常建华，董绮功.波谱原理及解析［M］.2 版.北京：科学出版社，2006.

[2] 翁诗甫.傅里叶变换红外光谱分析［M］.2 版.北京：化学工业出版社，2010.

[3] 辛勤.催化研究中的原位技术［M］.北京：北京大学出版社，1993.

实验二十五
CdS/TiO$_2$ 粉末和 TiO$_2$ 粉末的紫外-可见漫反射光谱测定

25.1 实验目的

① 了解固体光吸收的过程，掌握固体光吸收的相关概念；
② 掌握紫外-可见漫反射原理，学习固体样品紫外-可见漫反射光谱的测定；
③ 了解紫外-可见分光光度计仪器结构，熟悉其积分球附件的作用，并使用积分球附件测量固体样品的漫反射光谱。

25.2 实验原理

当一束光从自由空间投向固体表面时，光和物质发生的相互作用包括反射、吸收、透射、衍射等，其中光的反射还可以分为镜面反射（符合入射角等于反射角的条件）与漫反射。镜面反射只发生在表面颗粒的表层，由于镜面反射光没有进入样品和颗粒的内部，未与样品内部发生作用，因此镜面反射光没有负载样品的结构和组成的信息，不能用于样品的定性和定量分析。而漫反射光是分析光进入样品内部后，经过多次反射、折射、衍射、吸收后返回表面的光。漫反射光是分析光与样品内部分子发生相互作用后的光，因此负载了样品结构和组成信息。透射光虽然也负载了样品的结构和组成信息，但与常用的分光光度法中的透射测量法不同，固体样品的透射光受样品厚度的影响很大，其透射光无法准确对样品进行定性和定量研究。漫反射光的强度取决于样品对光的吸收，以及由样品的物理状态所决定的散射。

紫外-可见漫反射光谱与紫外-可见吸收光谱相比，所测样品的局限性要小很多。吸收光谱符合朗伯-比尔定律，溶液必须是稀溶液才能测量。而漫反射光谱，所测样品可以是浑浊溶液、悬浊溶液、固体和固体粉末等，试样产生的漫反射符合 Kubelka-Munk 方程：

$$(1-R_\infty)^2/(2R_\infty)=k/S$$

式中 k——吸光系数；

S——散射系数；

R_∞——无限厚样品的反射系数 R 的极限值，为一个常数。

实际应用中，无须测定样品的绝对反射率，而是以白色标准物质为参比（本实验采用 $BaSO_4$，其反射系数在紫外-可见区高达 98％ 左右），比较测量得到的样品的吸光度 A，将此值对波长作图，形成一定波长范围内该物质的漫反射光谱。

积分球是漫反射测量中的常用附件之一，作为紫外-可见分光光度计的附件，可用于测量平面固体和粉末状样品表面的漫反射光谱特征，以及镜片、膜等固体样品的透过光谱特征；积分球还可做色度、色差、白度指标等分析。漫反射光在积分球内经过多次漫反射后到达检测器。

25.3　实验器材

仪器：TU-1950 型紫外可见分光光度计。
样品：CdS/TiO_2 粉末和 TiO_2 粉末。

25.4　实验步骤

25.4.1　积分球的安装

二维码25-1
积分球的安装操作视频

① 断开光度计主机电源。
② 打开仪器的样品室盖，抽出仪器前挡板。卸下液体样品池架上的两个固定螺钉，取出样品池架，然后将附件安装上并压牢。
③ 将附件的光电倍增管接到光度计外部下侧前置板的接口上，并拧紧已固定螺钉。
④ 将前置板上的按钮开关拨到积分球一侧。

25.4.2　仪器的调节与使用

① 开机。首先打开计算机的电源开关，进入 Windows 操作环境，同时把两个标准白板（随机所附硫酸钡粉末压制而成）分别装在积分球的样品光和参比光两侧的出口位置。进入软件的操作界面，选择"附件"中的"积分球"项，光谱带宽变为"5.0"。
注意：打开电源后，仪器进入自检初始化状态，必须经过 $20\sim30min$ 的预热稳定后，才能开始测量。
② 暗电流校正。整机自检正常后，对全波段（$850\sim230nm$）进行暗电流校正前，需要完成"在样品池插入黑挡块"操作：将参比光侧的标准白板装上，样品光侧的标准白板取下，换上随机配置的黑挡板。
③ 基线校正。暗电流校正结束后，在样品光和参比光两侧都安装好标准白板，在工作波段范围内做基线校正。
④ 制样。用玻璃棒将粉末样品压制到粉末样品架上，并确保粉末完全充满整个样品槽。
⑤ 测量。基线校正结束后，把样品光侧的标准白板更换为待测样品（如二维码 25-2 所示的挡板位置的样品），并用样品压板固定，然后开始样品光谱扫描。

二维码25-2
黑挡块放置和取下
操作视频

25.5　数据处理

以波长为横坐标，吸光度为纵坐标做出样品的漫反射图谱。

25.6　注意事项

① 在使用过程中，应保持标准反射镜的清洁，不要触摸、擦拭、清洗镜面，否则会影响测试结果；

② 积分球附件的放置环境要绝对防尘；

③ 积分球附件要轻拿轻放，大的机械振动会引起积分球内壁硫酸钡涂层的剥落；

④ 积分球上的螺钉不要轻易拆卸，否则会影响性能；

⑤ 长期不使用时，应将积分球放入包装箱内保存。

25.7　思考题

① 查阅资料，推测同种物质，颜色的深浅与同一波长处的反射率高低有什么联系？

② 不同物质最高峰的峰值有什么差异？为什么？

参考文献

［1］　郝临星.CdS 光催化剂的制备及其改性研究［D］.哈尔滨：哈尔滨工业大学，2014.

［2］　雷云裕.全光谱响应钛基光催化材料的制备及性能评价［D］.太原：太原理工大学，2018.

［3］　任小赛.TiO$_2$ 光催化剂的制备及可见光催化性能研究［J］.合成材料老化与应用，2020，49（4）：96-98.

［4］　余波.TiO$_2$ 基复合材料的结构调控及其光催化性能研究［D］.合肥：安徽大学，2020.

实验二十六
X 射线衍射仪定性分析晶态化合物的物相

26.1 实验目的

① 了解 X 射线粉末衍射仪的基本结构和工作原理；
② 掌握样品测试方法和步骤；
③ 掌握物相定性分析的基本方法。

26.2 实验原理

1895 年，德国物理学家伦琴发现了 X 射线。1912 年，德国物理学家劳厄等发现了 X 射线在晶体中的衍射现象，并发现 X 射线是一种电磁波，它的波长短，能量较高，具有很强的穿透能力。与其他电磁波一样，X 射线也具有波粒二象性。同年，英国物理学家布拉格父子利用 X 射线衍射确定了氯化钠晶体的结构，提出了利用 X 射线衍射分析晶体结构的新方法。目前 X 射线比较实用的产生方法为阴极射线法，它利用高能电子束轰击阳极靶材料获得 X 射线。X 射线由 X 射线管产生，X 射线管实际上是一个真空二极管。当给阴极加上一定电流时，阴极释放出大量热电子，在高压电场作用下，这些热电子被加速轰击到阳极靶材上。高能电子到达阳极靶材时会突然减速，热电子的动能减小，放出 X 射线。然而，实际上能量转化的过程中仅有很少一部分能量用于产生 X 射线，大部分能量转化为靶材的热能。因此 X 射线管需要用冷水进行冷却，以免靶材受到损坏。常用的阳极靶材有 Cr、Fe、Cu、Ni 等。

X 射线谱由两部分组成：连续光谱和特征光谱。高速电子轰击到阳极靶材与靶原子的原子核碰撞产生的谱图为连续谱，连续谱的波长由短波方向连续延伸形成。高速电子与靶原子核外电子碰撞导致原子从基态被激发到高能级的激发态，激发态原子恢复到基态时产生的具有特定能量的光谱称为特征光谱。特征光谱的产生原理为阴极电子轰击到靶材表面，在高能电子的碰撞下，靶材原子内层的电子被轰击出去，形成空位，整个原子处于能级较高且不稳定的激发态。为了恢复到稳定的基态，电子需要向内层跃迁，内层轨道上的空位会被更远轨道上的电子填满，此时整个原子处于不稳定的状态，多余的能量将以特征 X 射线的形式辐射出来。

当 X 射线电子束照射到晶体表面时，会受到晶体中原子的散射，由于原子在晶体中呈现周期性排列，某些散射方向的散射波相干加强，另一些方向的散射波相干抵消，这种现象称为衍射。对于某种晶体，只在特定方向上散射波会相干加强产生衍射现象，这也是利用衍射方法区分晶体结构的基本原理之一。产生衍射需要满足布拉格条件，布拉格公式如下：

$$2d\sin\theta = n\lambda \tag{26-1}$$

式中 d——晶面间距，nm；

　　　θ——入射 X 射线与晶面间的夹角；

　　　n——衍射级数，$n=1$，2…；

　　　λ——X 射线的波长，nm。

其中衍射级数的含义是只有照射到相邻两个晶面的光程差为 X 射线波长的 n 倍时才能产生衍射。

每种结晶物质都有各自独特的化学组成和晶体结构，晶体结构包括晶胞大小、质点种类及其在晶胞中的排列方式等。晶体结构决定了晶体的衍射花样，当 X 射线被晶体衍射时，每一种结晶物质的特征都可以用各个衍射晶面间距（d）和衍射线的相对强度（I/I_0）来表征。任何一种结晶物质都有自己独特的 X 射线衍射图，而且不会因为与其他物质混合而发生变化，这就是 X 射线衍射法进行物相分析的依据。根据 X 射线的衍射特征（包括衍射线的位置、强度及数量）来鉴定结晶物质物相的方法就是 X 射线物相分析法，即将所得到的衍射线与标准结构样品衍射花样进行比对，推测出所测样品的晶体结构、晶胞形状、体积密度等。该方法成为化学、材料科学等学科观察物质微观结构的有力手段。

26.3 实验器材

26.3.1 实验仪器

本实验使用的仪器是 X 射线粉末衍射仪（Rigaku Ultima Ⅳ）。X 射线粉末衍射仪由 X 射线发生器、测角仪、检测器、X 射线强度测量系统组成，如图 26-1 所示。

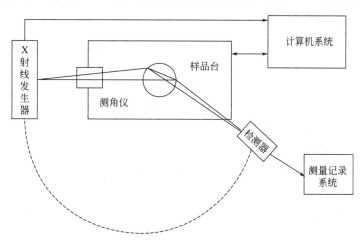

图 26-1 X 射线粉末衍射仪结构示意图

X 射线发生器由 X 射线管、高压发生器、管压和管流稳定电路以及各种保护电路等部分组成。X 射线产生的原理如前文所述。X 射线发生器分为密封式和转靶式。密封式的功率一般在 2.5kW 以内，转靶式功率在 10kW 以上。

测角仪是 X 射线衍射仪的核心部分，样品台位于测角仪的中心，样品表面与测角仪中心轴重合。测试时，样品台和检测器分别固定在两个同轴的圆盘上，在电动机的驱动下，X 射线发生器和检测器绕测角仪中心轴转动，通过不断改变入射线与样品表面的夹角（θ），检测器围绕圆盘转动，接收各个衍射角（2θ）所对应的衍射强度。一般来说，θ 和 2θ 按照 1∶2 的角速度配合运动。测角仪的扫描范围依照仪器有所不同，一般最小为 3°，最大可达 120°。

多晶衍射仪的 X 射线测量系统使用的检测器有固体阵列检测器、闪烁检测器和位敏正比检测器。

26.3.2 实验试剂

乙酰水杨酸（阿司匹林）粉末、二氧化硅粉末、氧化铜粉末。

26.4 实验内容与步骤

26.4.1 样品制备

二维码26-1
X射线衍射仪定性
分析晶态化合物的物相

常用的粉末样品架为玻璃试样架，即在玻璃板上蚀刻出 20mm× 20mm 的试样填充区用于填充样品。粉末样品制备时一般采用正压法，即将粉末样品填充在玻璃样品架的样品槽内，取毛玻璃片轻轻压制，刮掉多余粉末，将样品表面压实。

26.4.2 仪器参数选择与测试

① X 射线波长取决于选择的阳极靶材，阳极靶材选择的原则是避免 X 射线被样品强烈吸收，吸收射线后的样品会发出荧光辐射，使衍射图背景增强，干扰谱图结果。选用阳极靶要求靶材的原子序数要比样品中最轻的元素（Ca 以及 Ca 之前的元素除外）的原子序数小或者相等。本实验选择 Cu 作为实验用靶材。

② 特征 X 射线的强度与管压、管流都有关，并且随着管压的增加而减小，对于不同靶材应该选择不同的管压值。本实验所用 Cu 靶电压 40kV，电流 40mA，功率 1.6kW。

③ 狭缝的大小对 X 射线衍射图谱的衍射强度和图像分辨率都有影响。狭缝大可以使通过的 X 射线变多，增大衍射强度，但同时也会降低分辨率。小的狭缝可以提高分辨率，但是由于通过的 X 射线减少，X 射线的强度也会降低。一台衍射仪由发散狭缝、防散射狭缝、接收狭缝组成。在 X 射线照射宽度不超过试样宽度的条件下，发散狭缝越宽，X 射线也就越强。本实验所用发散狭缝为 0.15mm。防散射狭缝主要用来阻止散射线对 X 射线图谱背景的增加，应该使用与发散狭缝宽度一致的狭缝，本实验所用防散射狭缝为 0.15mm。接收狭缝的宽度大，则积分强度增强，但衍射峰的分辨率会降低，本实验接收狭缝的宽度为 0.3mm。

④ X 射线衍射仪扫描方式有连续扫描和步进扫描两种。连续扫描的速度相比步进扫描要快很多，可以迅速地测出试样全部的衍射花样，适用于物质的定性分析。本实验使用连续扫描方式，即 X 射线管和检测器以固定速度转动。转动过程中，检测器连续地测量 X 射线散射强度，使试样各晶面的衍射线依次被接收。本实验连续扫描下步长采用 0.02°。

⑤ 将样品架插入仪器内支架上，关闭仪器舱门，选择合适的测量角度范围进行测试。使用 Cu 作为靶材时，测试角度应该选择从 3°开始，因为过小的衍射角有可能会造成计数器的损坏。本实验扫描角度范围 3°~90°，扫描速度 10(°)/min。

⑥ 谱图采集与数据处理。

26.5　注意事项

① X射线衍射仪分析粉末样品时要求粉末颗粒均匀，晶粒要细小，试样本身无择优取向，样品用量不少于0.5g。粉末样品测试前若颗粒太大，可以研磨、过筛。小于 $10\mu m$ 的粉末颗粒会产生对X射线的微吸收，使衍射强度降低。若粉末颗粒小于100nm，衍射峰则会发生宽化。若颗粒太粗，参与衍射的晶粒数目不够，也会降低衍射强度。

② 充填样品架时，粉末试样应在试样架里均匀分布并用玻璃板压平实，要求试样面与玻璃表面齐平，样品过高或过低都可能影响衍射峰位置，从而影响最终测定结果。

26.6　数据处理

① 物相检索：原始数据需经过曲线平滑、扣除背景、谱峰寻找等数据处理步骤，最后获得样品衍射曲线中的晶面间距（d）、衍射角（2θ）、衍射峰强度、衍射峰宽等数据供分析鉴定。

② 与标准pdf卡片匹配，进行物相定性分析。

26.7　思考题

① 简述X射线衍射仪工作原理和具体应用。
② 晶系有哪几种？晶胞参数有哪些？
③ 如何选择不同样品的测试角度范围？

参考文献

［1］ 黄继武，李周.多晶材料X射线衍射：实验原理、方法与应用［M］.北京：冶金工业出版社，2012.
［2］ 江超华.多晶X射线衍射技术与应用［M］.北京：化学工业出版社，2013.
［3］ 王培铭，许乾慰.材料研究方法［M］.3版.北京：科学出版社，2004.

实验二十七
基于原子力显微镜的石墨烯微观形貌表征及数据分析

27.1 实验目的

① 了解原子力显微镜的基本结构和工作原理；
② 掌握常规样品形貌的测试过程；
③ 掌握离线处理软件的基本应用。

27.2 实验原理

扫描探针显微技术（scanning probe microscopy，SPM）的发明被认为是材料科学领域最重要的进展之一。SPM 起源于 1982 年发明的扫描隧道显微镜（scanning tunneling microscope，STM），这是第一种能在原子尺度真实反映材料表面信息的仪器，它利用探针和导电表面之间随距离成指数变化的隧穿电流进行成像，使人们第一次观察到单个原子在物质表面的排列状态，在表面科学、材料科学、生命科学等领域研究中有着重大的意义和广阔的应用前景。然而，STM 是通过探测金属探针和导电表面间相应的隧穿电流来成像的，因此不适用于导电性很差的样品体系。为了弥补这一不足，1986 年 Gerd Binnig 等合作发明了原子力显微镜（atomic force microscope，AFM）。AFM 是一种可以在真空、大气甚至液下工作的仪器，既可以检测导体、半导体表面，也可以检测绝缘体表面，因此迅速发展成研究纳米科学的重要工具。

AFM 的发明实现了导体之外在原子尺度范围内的成像，与 STM 通过获得隧穿电流的变化得到样品表面形貌不同，AFM 通过接收探针与样品之间的相互作用力作为成像信号。AFM 的结构原理为：将一个对力的变化反馈灵敏度很高的微悬臂的一端与压电陶瓷固定，另一端连接一个微小探针；当探针接触到样品表面微小起伏时，探针尖端原子与样品表面原子之间产生的微小作用力使微悬臂产生了弯曲，激光反射信号探测到微悬臂的变形量，将该变形量转换成光电信号并进行放大就可以获得样品表面的形貌信息。

大气下针尖与样品表面作用力一般分为范德华力（范德瓦耳斯力）、接触力和毛细力。其中最主要的力为范德华力（$10^{-8} \sim 10^{-6}$ N）。当原子间相互靠近时，范德华力主要表现为引力作用；随着原子间距减小，原子间的排斥力增大并开始抵消引力，直至与引力达到平衡，最终排斥力大于引力，范德华力由负变正。根据样品与针尖之间相互作用力的不同，AFM 可以分为几种不同的操作模式，常见的操作模式为接触模式和轻敲模式，一般根据材料的形貌、成分、结构确定仪器的操作模式。

在接触模式中，针尖与样品之间始终发生直接接触，以恒定的力或者恒定的高度进行扫描。由于针尖和样品发生直接接触，因此针尖和样品之间的作用力应该小于样品原子之间的团聚力。接触模式的优点在于可以扫描表面起伏比较大的样品，除此之外扫描速度相比于其他模式更快。缺点在于接触过程的横向力可能对样品表面造成损伤，不适用于表面比较软的样品。轻敲模式中，探针在压电陶瓷的驱动下发生振动，在驱动力作用下，振动频率逐渐增大并最终达到共振频率。悬臂克服探针和样品间的斥力与样品发生间歇式接触成像。在此模式下探针和样品之间的作用力一般较小，几乎不会对样品表面造成破坏，因此有利于表面柔软的样品成像。轻敲模式的缺点是相比接触模式扫描速度较慢。

27.3　实验器材

27.3.1　实验仪器

原子力显微镜（Bruker，Dimension Icon）由微悬臂探针系统、针尖-样品运动单元、反馈控制系统以及图像处理和显示系统组成（图 27-1）。

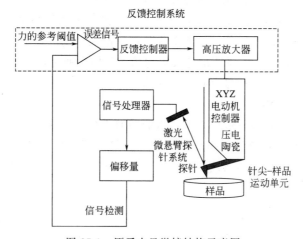

图 27-1　原子力显微镜结构示意图

（1）微悬臂探针系统

微悬臂探针系统由微悬臂和探针两部分组成。微悬臂由光刻和蚀刻等微电子加工技术制备而成，一般采用硅或氮化硅材料。微悬臂一般为三角形或矩形结构。微悬臂的重要性质参数包括弹性系数、共振频率和品质因数。弹性系数一般与悬臂梁材料的杨氏模量和悬臂梁几何尺寸（长度、宽度、厚度）有关。一般微悬臂的弹性系数较低（$0.01 \sim 100 \mathrm{N/m}$），灵敏度可以达到 nm 量级，可以检测几个 nN 作用力的变化。共振频率是决定成像时间的因素之一，高共振频率可以减小振动和声波的干扰，此外高共振频率也可以达到较高的扫描速度从而减小热漂移的影响。品质因数则是度量微悬臂在环境中的流体动力阻尼损耗的参数。

AFM 一般采用激光反射偏转检测技术探测针尖与样品表面间的相互作用力。发光二极管发射的激光被微悬臂的背面反射，当样品表面发生起伏时，反射光束发生的偏移被位置敏感探测器探测到。探测到的光电流被微分放大器放大，并输出一个电压信号。激光反射偏转检测技术可以实现微悬臂小于 0.01nm 的偏转探测。

（2）针尖-样品运动单元

针尖-样品运动单元主要依靠压电激励器控制针尖在样品上的移动。在压电激励器的驱动下，微悬臂探针可以在样品表面实现高精度的位置移动。AFM 一般有两个不同的压电激励器：一个为激励陶瓷，用于激发微悬臂的振荡；另一个为压电扫描器，用于控制针尖相对于样品表面的位移。一般采用压电陶瓷管作为压电扫描器，来实现探针在水平和垂直方向上的运动。

AFM 的分辨率与针尖形状尺寸、化学组成密切相关。传统的针尖材料采用单晶硅和氮化硅，一般为金字塔形状或者圆锥形。针尖的相关参数一般包括锥角和曲率半径。当样品的尺寸大小与针尖尖端的曲率半径相当或者更小时，会出现"加宽效应"。

（3）反馈控制系统

当探针和样品距离很近时，反馈系统用于探测一个足够灵敏且随探针和样品距离单调变化的物理量 $P=P(z)$，并通过此物理量的改变得到样品表面变化。探测信号表示了探针和样品间相互作用的关系。为了使探测信号与实际作用相联系，需要预先设定参考阈值。当成像时，反馈系统检测探测信号并与阈值比较，若两者相等则开始扫描。扫描管控制探针在样品表面按照预设轨迹运动，当表面形貌变化时，探针和样品间的相互作用变化导致探测信号改变，与阈值产生一个偏差，该信号称为误差信号。误差信号经过比例-积分-微分（PID）系统调节，输出一个电压信号到压电陶瓷中，压电陶瓷伸长或缩短从而使误差信号最小化，同时软件系统利用所施加的电压信号生成图像。PID 系统由比例控制单元 P、积分控制单元 I 和微分控制单元 D 组成，基本原理是把收集到的误差信号通过比例增益、积分增益和微分增益调节来消除误差，使反馈信号重新等于阈值。

（4）图像处理和显示系统

原子力显微镜的操作软件一般用来对获得的图像进行计算和处理，从而得到真实的高度图像。由于扫描管 Z 电压的漂移、样品本身的倾斜等原因，样品原始高度数据实际上偏离了样品的实际形貌，所以必须用离线软件对图像进行纠正。

27.3.2　实验试剂

石墨烯样品、云母片、无水乙醇。

27.4　实验内容与步骤

27.4.1　样品制备

① 称取 $10\mu g$ 石墨烯样品放入 $100mL$ 无水乙醇中，放入超声仪超声分散 $30min$。

② 超声完成后，用移液枪取 $1\sim2$ 滴悬浮液滴在干净的云母基底上，自然晾干。

二维码27-1
基于原子力显微镜
的石墨烯微观形貌
表征及数据分析

27.4.2　仪器参数选择与测试

① 用标准光栅样品评价仪器状态，若仪器状态正常，选择大气环境中的轻敲工作模式，在探针夹内装入测试用探针（ScanAsyst-air，$k=0.4N/m$，$f=70kHz$），将探针夹安装在扫描管底部，调节微悬臂反射光束信号。

② 将样品移入扫描管正下方，向下缓慢移动扫描管，聚焦至样品表面清晰，选择样品

表面相对干净的区域进行测试设置，初始扫描范围 500nm。

③ 观察探针与样品表面的力学反馈曲线，如曲线无问题，逐渐增大扫描范围，获得石墨烯的原子力显微图像。

27.5 注意事项

① 样品制备时应严格控制超声时间，时间过短不利于样品分散，时间过长有可能改变样品原始形态，应控制在 30～40min 为宜。

② 使用云母片时应完整揭下云母最上层表面，使用其下一层干净的表面作为样品基底。

③ 超声完成后需立即使用移液枪移取溶液滴在云母基底上，防止样品沉降后造成取样不均。

④ 样品晾干后应放在密闭环境中保存，以防空气中的微尘黏附在样品表面造成污染。

27.6 数据处理

利用离线处理软件 Nanoscope Analysis 对石墨烯高度进行测量。

27.7 思考题

① 原子力显微镜对测试环境和样品的要求都有哪些？

② 探针的选择主要关注哪几个参数？不同测试条件下应如何选择探针？

③ 比较原子力显微镜与其他（电子或光学）显微镜之间的优缺点。

参考文献

［1］ 彭昌盛，宋少先，谷庆宝.扫描探针显微技术理论与应用［M］.北京：化学工业出版社，2007.

［2］ 王培铭，许乾慰.材料研究方法［M］.3 版.北京：科学出版社，2004.

［3］ 里卡多·加西亚.振幅调制原子力显微术［M］.程志海，裴晓辉，译.北京：科学出版社，2016.

实验二十八
激光扫描共聚焦显微镜测定植物细胞的三维立体结构

28.1 实验目的

① 掌握激光扫描共聚焦显微镜的基本原理与应用；
② 了解激光扫描共聚焦显微镜的硬件组成及使用时的注意事项；
③ 掌握激光扫描共聚焦显微镜三维立体成像的测试方法和步骤。

28.2 实验原理

在传统荧光显微镜的基础上，用极细的激光束（点光源）替代传统的汞灯或长效金属卤素灯（场光源）作为激发光，可以减少视野内相邻点之间的发射信号干扰。激光器发射一定波长的激发光，经物镜汇聚于样品的焦平面上，样品发射出的光线通过物镜收集，检测器前有一个大小可调节的针孔，只有焦平面上的信号能够通过针孔并被检测器记录，而来自非焦平面的信号均被针孔阻挡，不能进入检测器。因此，激光扫描共聚焦显微镜很大程度上限制了非焦平面的信号干扰，增强了图像的信噪比。为了形成一幅完整的图像，光路中的扫描系统逐点逐行扫描样品，使来自样品焦平面的发射光信号进入检测器，将光信号转化为电信号，再转化为数字信号传输至计算机，最终合成完整清晰的共聚焦图像。

激光扫描共聚焦显微镜可以逐层拍摄 Z 轴方向上的图片，用于分析样品的三维立体结构，观察靶分子在样品中不同层面的分布情况等。利用物镜沿着 Z 轴上下移动对样品进行扫描，就可以得到样品不同层面的连续光学切片图像。通过激光扫描共聚焦显微镜软件进行三维重构，得到样品的三维立体结构信息。

激光扫描共聚焦显微镜主要功能有多通道荧光成像、三维立体成像、时间序列成像、大图拼接、荧光光谱拆分、荧光共振能量转移、荧光漂白后恢复等，可用于观察动物、植物、微生物等多元化样品，获得其组织、细胞内部的微细结构，以及亚细胞水平上的生理信号及细胞形态的变化，广泛应用于生物、医学及工业等领域。

28.3 实验器材

激光扫描共聚焦显微镜（Zeiss，LSM880 Airyscan），由激光器、扫描检测系统、荧光显微镜系统、图像处理工作站及其他相关附件组成。

激光器部分：激光器可产生几千个激光波长，最长为 7mm，最短为 21nm，已达到远紫外区。但其中只有少量谱线能够作为共聚焦的光源。通常采用的激光谱线有 R-HeNe

（633nm）、G-HeNe（543nm）、Ar（458nm、477nm、488nm、514nm）、ArKr（488nm、568nm、647nm）、Kr（568nm、647nm）、Ar（UV）（351nm、364nm）、HeCd（442nm）、二极管（405nm）。可单独或同时配备多个激光器，获得更多的激光谱线，以满足常用荧光探针的需要。在实际使用过程中，可以单独控制每根激光器的开关和强度。实验所用仪器配备了 Ar(458nm、488nm、514nm)、HeNe(543nm、633nm)、二极管（405nm）激光器。

扫描检测系统：扫描检测系统是激光扫描共聚焦显微镜的重要组成部分，影响到成像的信噪比、速度等重要指标。扫描检测系统内有主分光镜、扫描振镜、针孔、光栅及检测器等一系列部件。主分光镜将激光反射到样品上，允许发射光通过，从而分离激光和发射光。扫描振镜逐点逐行扫描样品信号，通过检测器将光信号转化为电信号，再转化为数字信号传输至计算机，形成一个完整的二维图像。针孔位于检测器前，通过调节针孔直径大小，可以阻挡非焦平面的荧光信号，得到光学切片图像。通过调节针孔的直径可以优化光学切片的厚度。针孔大小通常设置为 1Airy 单位，适用于大多数激光共聚焦显微镜的成像状况，仅在一些特殊情况下需要调整针孔直径的大小。光栅通过衍射使光发生色散，实现光谱分光。检测器前有一对可移动的棱镜和滑块，可根据需求灵活选择一定波长范围的光进行检测。检测器一般采用高灵敏度、响应速度快的光电倍增管（PMT），检测的范围和灵敏度可根据样品的信号强度进行连续调节，电压越高，光信号转换出的电信号越强，荧光图像的强度按照 0～255 个灰阶显示。实验所用仪器配备了 2 个 PMT 检测器、1 个高灵敏度 GaAsP 检测器、1 个透射光检测器和 1 个由 32 个 GaAsP 检测器组成的超高分辨率检测器。

荧光显微镜系统：荧光显微镜系统主要包括光源、激发滤片、二向色镜、发射光滤片、物镜和目镜等几部分。物镜是决定显微镜的分辨率和成像清晰程度的主要部件。物镜主要技术参数有放大倍率、数值孔径（NA）、工作距离和景深等。实验所用仪器配备了物镜 10×（NA0.3）、20×（NA0.8）、40×（NA0.75）、63×（NA1.4，油镜）。目镜的作用是将物镜放大的像进一步放大。目镜按照放大倍数分为 10×、16×、25× 等；按照视场分为 20ϕ、22ϕ、23ϕ、25ϕ 等。实验所用仪器配备了放大倍数为 10× 的物镜、视场为 23ϕ 的目镜。

图像处理工作站：激光扫描共聚焦显微镜通过工作站实现显微镜各部件之间的操作切换，在数据采集的过程中调节参数控制图像质量，包括图像像素数、扫描速度、扫描的平均次数、激光强度、针孔大小、检测器电压等。在完成图像采集后，通过计算机系统中的应用软件对已完成图像进行处理、转换。

28.4　实验内容与步骤

28.4.1　仪器开机

依次打开空气压缩机、稳压电源和仪器各部分电源开关。

28.4.2　图像采集

① 目镜下确定样品拍摄区域。打开光源，调节粗/细准焦螺旋，在目镜下找到需要拍摄的样品焦平面，调节载物台控制旋钮，将需要拍摄的样品区域置于视野中央。

② 激光扫描预览样品，调节参数。

新建光路，选择染料名称和拍摄方式。

设置扫描参数。扫描速度：速度越慢，信噪比越高，但光漂白越多。扫描平均次数：增加平均次数可以减少噪声，但会增加扫描时间。扫描方向：双向扫描可以减少扫描时间。图像分辨率：一般选择 512×512 或 1024×1024，图像越大，分辨率越高，扫描时间越长。

在预览状态下，适当调节焦平面，找到样品所在的位置，设置激光强度、针孔大小、检测器电压值。勾选曝光强度显示选项，调节图像不要过曝。逐一勾选每个光路进行上述操作，调节光路参数，使每个光路均获得理想的图像。

二维码28-1
激光扫描共聚焦
显微镜测定植物
细胞的三维立体结构

③ 设置三维重构参数，设定层扫的上下范围，并调节层扫间距。选择三维重构功能，在预览状态下调节焦距确定层扫图像的上下范围，并确定最合适的间距范围，进行层扫。

多通道荧光拍摄需要考虑光切厚度不一致的问题，可以通过选择针孔匹配，自动调节不同光路的针孔使光切厚度相近，或者通过手动调节针孔大小，保持光切厚度一致。

28.5 注意事项

① 仪器室内环境始终保持在温度 22℃±3℃，相对湿度低于 65%，以防温湿度的变化影响仪器正常运转。

② X-cite 荧光光源，开启后工作 30min 以上再关闭，并且待其冷却 15~30min 后方可再次启动。

28.6 数据处理

使用软件处理图像。

① 选择不同的视图形式，更好地观察和分析多维图像。

画廊视图（Gallery），同时显示多维图像中包含的所有图像，并在图像上加注图像拍摄的维度信息，如 Z 轴位置等。

正交投影（Ortho），图像以三维正交方式显示，可显示 XY 切面的图像、XZ 切面的图像以及 YZ 切面的图像。在图像中移动某一切面的投影直线，则可观察该切面图像信息沿第三轴变化的情况。

三维视图，可选择不同的三维重构模式，如阴影渲染（Shadow）、表面渲染（Surface）、透明渲染（Transparency）、最大强度模式（Maximum）和混合模式（Mixed）。阴影渲染是一种利用阴影衬托图像立体感的三维重构方式。表面渲染对样品的表面结构有较好的强调作用，使图像看起来更有质感。阴影渲染和表面渲染对样品的表面结构有较好的重现作用。透明渲染形成的三维图像具有一定的透明度，适用于分析样品的三维结构关系。最大强度模式只显示投射轴向上最亮的像素点，形成的三维图像有较好的对比度。透明渲染和最大强度模式常用于生物样品的三维重构。混合模式是透明渲染和表面渲染的结合。

② 图像导出。三维视图下，设置三维图像旋转模式，转换为动画形式，更好地展示样品的三维结构，并导出动画。三维旋转模式包括绕 X 轴旋转、绕 Y 轴旋转和自定义起止位置。

28.7　思考题

① 简述激光扫描共聚焦显微镜与荧光显微镜的异同。

② 简述激光扫描共聚焦显微镜的主要应用范围。

参考文献

[1]　李楠，尹岭，苏振伦.激光扫描共聚焦显微术［M］.北京：人民军医出版社，1997.

[2]　袁兰.激光扫描共聚焦显微镜技术教程［M］.北京：北京大学医学出版社，2004.

[3]　王春梅，黄晓峰，杨家骥，等.激光扫描共聚焦显微镜技术［M］.西安：第四军医大学出版社，2004.